Melanie Grabner

Paprika & Peperoni für den Hausgarten

Inhalt

Vorwort

Chili, Paprika und Peperoni machen es uns durch ihre Vielfalt an Aromen, Farben, Formen und Verwendungsmöglichkeiten leicht, entdeckt zu werden. In kaum mehr als vierhundert Jahren haben sich die bunten südamerikanischen Nachtschattengewächse in fast alle Länder der Welt verbreitet.

Im Gegensatz zu vielen anderen Gemüsearten gedeihen sie gut im Topf und wachsen nach den Erfahrungen der meisten Chiligärtner darin deutlich besser als im Freiland. Mit ihren bunten Blättern, filigranen Blüten und bunten Beeren (nicht Schoten) sind die Nachtschattengewächse sehr dekorativ und liefern außerdem eine gesunde, köstliche Ernte.

Neues ausprobieren, es erfolgreich anbauen und die Ernte mit anderen teilen, bereitet Freude. Schokoladenbraune Gemüsepaprika, aromatische Tomatenpaprika, fruchtig süße Miniaturpaprika in allen Farben oder skurril geformte Chilisorten sind etwas Besonderes, weil sie nicht in jedem Supermarkt verfügbar sind. Immer mehr Menschen sind deshalb bereit, kulinarische Raritäten im Garten anzubauen. Mit diesem Buch möchte ich Gärtnerinnen und Gärtner für nachbaubare, seltene Sorten sowie ihren Anbau mit einfachen Mitteln begeistern und motivieren.

Melanie Grabner, Böhl-Iggelheim,
Januar 2011

Die bunte Welt der Paprika

Schokoladenfarbige, saftig süße Blockpaprika, dickwandige, aromatische Tomatenpaprika, leuchtend bunte Miniaturpaprika, früh reifende robuste Spitzpaprika, 30 cm lange rote würzige Peperoni – die dekorativen Nachtschattengewächse bezaubern durch filigrane Blüten, panaschierte oder dunkelviolette Blätter und natürlich durch ihre vielen farbenprächtigen Früchte.

Vielseitig und gesund

Die abwechslungsreiche und bunte Gattung der Paprikagewächse, botanisch *Capsicum* genannt, gehört der großen Familie der Nachtschattengewächse an und hat ihren Ursprung in Südamerika. Wie die ebenfalls aus dieser Familie stammenden Tomaten, Kartoffeln und Auberginen sind sie nach der Entdeckung Amerikas durch Christoph Kolumbus nach Europa gekommen und heute nicht mehr aus unserem Speisezettel wegzudenken.

Gemüsepaprika zählt zum gesündesten Frischgemüse. Der Vitamin-C-Gehalt übertrifft den vieler Obst- und anderer Gemüsearten. Doch erst aufgrund seines guten Geschmacks und der breiten Verwendungsvielfalt ist Paprika bei seinen Verbrauchern so beliebt geworden.

Von süßsauer eingelegten Peperoni bis zur feurigen Harissapaste, dem intensiv roten Paprikapulver, pikanten französischen Merguezwürsten, fruchtigen Rohkostsalaten bis zur zart schmelzenden, aber scharfen Chilischokolade bieten die unterschiedlichen Paprikasorten für jeden etwas.

Verschiedene Namen

Während man in Österreich von Pfefferoni spricht, ist in Deutschland der Begriff Peperoni gebräuchlich. Die Anlehnung an das Wort Pfeffer ist jedoch bei beiden Begriffen herauszuhören.

Kaum ein anderes Gemüse ist in den letzten Jahren derart populär geworden. Da viele Sorten auch in Töpfen gut gedeihen, lässt sich ihre Vielfalt nicht nur im Garten und Gewächshaus, sondern auch auf Balkon und Terrasse gut kennenlernen.

Scharfe Früchtchen mit großer Fangemeinde

Gerade um die sehr scharfen Chili entwickelt sich seit über 15 Jahren eine begeisterte Fangemeinde, deren Anhänger sich Chiliheads nennen. Sie pflegen ihre Lieblinge, tauschen sich über deren Herkünfte und Zubereitungsmöglichkeiten aus und erleben die hitzige, euphorisierende Wirkung des Scharfmachers Capsaicin.

Schöne Zierpflanzen

Wer hierzulande der feurig scharfen Küche nicht unbedingt etwas abgewinnen kann, verwendet die scharfen Nachtschattengewächse als Balkonschmuck und Zierpflanze. Die nur 30 cm hohe, buschig wachsende *Capsicum-annuum*-Sorte 'Pequin' bildet Hunderte von zierlichen weißen Blütchen, die die Pflanze schon lange vor ihrer Fruchtreife optisch attraktiv machen. Die höhere Sorte 'Fish Pepper' hebt sich allein mit ihrem weiß-grün panaschierten Laub ab und passt perfekt zur schwarz-violettlaubigen und lila blühenden *Capsicum annuum* 'Black Beauty'.

Gesundheitlicher Wert

Bei Paprikagerichten lässt sich eine gesunde Ernährung mit kulinarischem Genuss und einfachen Zubereitungsmöglichkeiten bestens vereinbaren.

Die Früchte des Nachtschattengewächses bestehen zu etwa

- 94 % aus Wasser,
- knapp 1 % aus Eiweiß,
- 0,1 % aus Fett,
- 2,1 % aus Kohlenhydraten,
- 2 % aus Ballaststoffen.

Für den süßen Geschmack ist der hohe Zuckeranteil, der bis zu 6 % betragen kann, verantwortlich. Bedeutend ist der Gehalt an wertvollen Vitaminen, die aber durch verschiedene Anbauweisen und Zustand der Reife in ihren Werten schwanken können.

Der empfohlene Bedarf an Vitamin C liegt bei unseren derzeitigen Lebensumständen bei 300 mg/Tag. Eine 100 g schwere Paprikafrucht deckt bereits den halben Tagesbedarf.

VITAMIN C UND ANDERE VITALSTOFFE Paprika hat von allen gehandelten Frischgemüse- und Obstarten das meiste Vitamin C. Der Gehalt ist mit 140–160 mg/100 g Fruchtgewicht 4- bis 6-mal höher als bei Zitrusfrüchten.

Neben dem Vitamin C sind es vor allem Carotinoide und Flavonoide, beides wichtige Pflanzenfarbstoffe, die Paprika so gesund machen. Sie wirken antioxidativ und sollen krebsvorbeugend sein.

Grüne und rote Früchte enthalten etwa gleich viel Vitamin C, allerdings haben rote Früchte mehr Karotin und etwas weniger Eisen als grüne Paprika.

Die Früchte enthalten außerdem in geringeren Mengen Vitamin B_1, B_2, B_6. An Mineralstoffen findet man in Paprika Kalium, Kalzium, Phosphor, Magnesium und Eisen.

Der „Scharfmacher"

Viele Menschen lieben die chilischarfe Küche, nicht nur weil sie köstlich ist, sondern auch weil sie Glücksgefühle beschert. Und das kommt so:

Für den scharfen Geschmack der Gewürzpaprika sind verschiedene Capsaicinoide, aus der Gruppe der Alkaloide, verantwortlich. Doch was wir als scharfen Geschmack bezeichnen, ist eigentlich ein Schmerzempfinden. Es wird ausgelöst durch Hitzerezeptoren im Mund. Um sich abzukühlen, wird die betreffende Stelle stärker durchblutet, was wir als Hitzegefühl und teilweise Hautrötungen wahrnehmen. Um das Schmerzgefühl zu lindern, bildet unser Organismus Endorphine – die sogenannten Glückshormone.

Die brennende Schärfe ist nur ein Schmerzeindruck und schädigt im Gegensatz zu wirklich heißem Essen nicht die Mundschleimhäute.

Maßeinheit Scoville

Der Capsaicingehalt der Chilifrüchte wird in der Maßeinheit Scoville gemessen. Der amerikanische Pharmakologe Wilbur L. Scoville (1865–1942) entwickelte 1912 ein Messverfahren, bei dem Testpersonen die Schärfe verschiedener getrockneter Chili in einer immer stärker verdünnten Lösung schmecken sollten. Das Verhältnis zwischen dem

Unbestritten zählen Paprika zu den gesündesten Gemüsen – und sehen dabei so schön aus!

schärfehaltigen Stoff und der Aufwandmenge des neutralisierenden Wassers wird in der Maßeinheit Scoville SHU (engl. Scoville Head Units) angegeben.

Die Angaben nach dieser Methode sind allerdings ungenau, weil jeder Mensch Schärfe anders wahrnimmt und sich mit dem steigenden Verzehr scharfer Speisen eine immer höhere Toleranz gegenüber dem Capsaicingehalt aufbaut.

Heute werden mit modernen Messmethoden der Flüssigkeitschromatografie HPLC (High Performance Liquid Chromatography) der Capsaicingehalt und alle anderen Inhaltsstoffe von Lebensmitteln exakt gemessen.

Der Einfachheit halber unterteilt man mittlerweile die Schärfegrade von 0–10.

Milde Gemüsepaprika haben den Wert 0, eine extreme Schärfe mit dem Wert 10 wird bereits bei einigen Cayenne, Habaneros oder Rocottos ab 100 000 SHU empfunden. Ab diesem Wert überdeckt der Schmerz jedes Gefühl für Schärfegrade oder Geschmack. Viele Habanerosorten liegen bei 300 000 SHU. Die Konzentration von Capsaicin in den einzelnen Chilisorten ist allerdings auch stark von ihren Anbaubedingungen wie dem Klima, der Bodenbeschaffenheit, den Nährstoffen und der Wasserversorgung abhängig.

Scharfe Früchten – Chili

Verwendung als Heilpflanze

Der Inhaltsstoff Capsaicin wirkt durchblutungsfördernd und wird deshalb auch zu medizinischen Zwecken verwendet. Capsaicin ist Bestandteil vieler wärmender Schmerzsalben gegen Verspannungen, Rheuma und Hexenschuss. Zudem wirkt Capsaicin fiebersenkend und soll auch bei der Alkoholentwöhnung hilfreich sein.

Die scharfen Früchte regen den Kreislauf und den Stoffwechsel an und sind durch ihre Ballaststoffe verdauungsfördernd. Gerade eine kohlenhydratreiche Ernährung, wie es bei den Ureinwohnern Amerikas mit Bohnen, Kartoffeln oder Mais der Fall war, kann durch das Capsaicin besser aufgespalten und verdaut werden. Es fördert die Magensaftsekretion und bekämpft sogar Darmparasiten durch seine fungizide und antibakterielle Wirkung. Schon früh erkannten die Ureinwohner Amerikas die besondere Wirkung von Paprika und setzten sie in der Ernährung nutzbringend ein.

Aber nicht nur für den Menschen, auch für die Pflanze selbst ist Capsaicin von Bedeutung, denn es schützt vor pflanzenschädigenden Bakterien, Pilzen sowie einigen Schadinsekten und Fraßfeinden.

Wissenswertes

Schärfe unterdrückt nicht die anderen Geschmacksrichtungen süß, sauer, salzig, wie häufig angenommen wird. Im Gegenteil, sagen Experten: Durch Capsaicin werden auch benachbarte Geschmacksrezeptoren stärker durchblutet, sodass süß, sauer und salzig besser wahrgenommen werden können.

Richtwerte für den Schärfegehalt der Paprika- und Chilisorten

Schärfegrad	Scoville-Einheit (SHU)	Geschmacksempfinden	Sortenbeispiele
0	0–10	Mild, süß	Gemüsepaprika, Tomatenpaprika 'Feher', 'Cubanella', 'Yolo Wonder'
1	10–500	Mild, pikant	Apfelpaprika, milde Peperoni, 'Boldog', 'Croccanti Rossi', 'Sedar'
2	500–1 000	Pikant	'Anaheim', 'Milder Spiral', viele ungarische Paprika wie 'Füznerpaprika'
3	1 000–1 500	Pikant, mittelscharf	Milde Jalapenos, 'Elefant', milder Glockenpaprika
4	1 500–2 500	Mittelscharf	'Pimiento De Padron', 'Espelette', 'Sigaretta'
5	2 500–5 000	Mittelscharf bis scharf	'Fish Pepper', 'Lemon Drop', 'Fogo', 'Kirschchili gelb', milder Cayenne
6	5 000–15 000	Scharf	'Santa Fe Grande', 'Bolivian Rainbow', 'Aji Angelo', scharfer Glockenpaprika
7	15 000–30 000	Scharf	'Brasilian Starfish', 'Turuncu Spiral', 'Joe Long', 'Serrano'
8	30 000–50 000	Sehr scharf	'Cayenne', 'Vietnam', 'Rumänische Chili'
9	50 000–100 000	Übermäßig scharf	'Cuphetinho', 'Tabasco', 'Sibirische Hauspaprika', 'Pequin'
10	100 000–500 000	Extrem scharf	'Red Savina®', 'Habanero Red', 'Madame Jeanette', 'Scotch Bonnet'
+10	> 1 000 000	Schmerzhaft scharf	'Bhut Jolokia', 'Fatali'
	> 2 000 000	Schmerzhaft scharf	Pfefferabwehrsprays
	16 000 000	Schmerzhaft scharf	Reines Capsaicin

Die Gattung *Capsicum* stellt sich vor

Die Einteilung der Paprika ist nicht ganz einfach. Die Gattung ist mittlerweile fast in der ganzen Welt zu Hause, wurde züchterisch bearbeitet und hat so viele Sorten herausgebracht, dass der Überblick leicht verloren gehen kann. Zumal auch unter Botanikern keine Einigkeit über die Einteilung herrscht.
Mithilfe einiger wichtiger Kriterien gelingt es aber, Arten und Sorten auseinanderzuhalten.

Botanisches Grundwissen

Das ungarische Wort Paprika nimmt Bezug auf den Schwarzen Pfeffer, für den man die Paprikagewächse anfangs hielt. Die wissenschaftliche Bezeichnung *Capsicum* leitet sich vom griechischen Wort „kapsa" ab und bedeutet Kapsel oder Behälter.

Botanische Unterscheidung der Arten

Von den mindestens 25 *Capsicum*-Arten befinden sich 5 Arten in Kultur:

- *Capsicum annuum* (Spanischer Pfeffer, Paprika)
- *Capsicum baccatum*
- *Capsicum chinense*
- *Capsicum frutescens* (Tabasco)
- *Capsicum pubescens* (Baumchili, Filziger Paprika)

Beeren statt Schoten

Paprikafrüchte werden oft irrtümlicherweise als Schoten bezeichnet. Botanisch gesehen sind sie jedoch Beerenfrüchte, die wiederum zu den Schließfrüchten zählen.

Im Gegensatz zu Schoten und Kapseln, die aufplatzen, wenn sie reif sind, und ihre Samen entlassen, bleiben Schließfrüchte geschlossen. Bei der Gattung *Capsicum* sind die Samen von einer dicken, saftigen, rundlichen Fruchtwand umhüllt.

Mehrjährige Pflanzen

Paprika verholzen im unteren Drittel leicht, die oberen zwei Drittel wachsen krautig. Wie beim einheimischen Bittersüßen Nachtschatten werden sie den sogenannten Halbsträuchern zugeordnet und sind an ihrem Heimatstandort mehrjährig. In unseren Breitengraden werden sie jedoch überwiegend als Einjährige gezogen. Das gilt vor allem für Gemüsepaprika mit einem hohen Ertrag, es gibt aber einige Sorten, die auch bei uns überwintern.

Die radial angeordneten Stängel enden nach 7–9 Blättern in einer Terminalknospe und verzweigen sich wieder unter dem letzten Blatt. Die länglich ovalen Blätter sind am Grunde keilblättrig und gestielt. Die zwittrigen, hübschen Blüten entwickeln sich aus den Blattknoten meistens einzeln, sind weiß oder violett und haben gelbgrüne, bräunlich grüne oder violette Staubfäden.

Befruchtung

Paprika sind eigentlich Selbstbefruchter. Die meisten Arten können sich aber leicht untereinander verkreuzen. Stehen also mehrere Paprikasorten während der Blüte nebeneinander, können die aus Samen gezogenen Nachkömmlinge sich im Wuchs und Aussehen erheblich von ihren Eltern unterscheiden.

Unterscheidung nach Fruchtformen

In der Praxis werden die Früchte der Gattung *Capsicum* mehr nach ihrem Aussehen und ihrer Verwendung unterschieden. Zur botanischen Systematik besteht dabei kein Bezug.

Die drei Hauptgruppen sind die süßen bis milden Gemüsepaprika, die länglichen, würzig milden bis scharfen Peperoni und die überwiegend kleinen scharfen Chilis. Sie sind in weitere Fruchtformen untergliedert:

Gemüsepaprika Unter dem Begriff Gemüsepaprika versteht man in Österreich und Deutschland überwiegend milde, dickwandige Sorten. Seit den 30er-Jahren des letzten Jahrhunderts entstanden vor allem in Ungarn und anderen osteuropäischen Ländern gering scharfe bis schärfefreie Paprikasorten, die seitdem den Genuss von großen Mengen des gesunden Gemüses ermöglichen. Viele dieser Sorten sind freilandtauglich und schon relativ früh ertragreich. Im deutschsprachigen Raum werden sie gezielt von Züchtern und Erhaltern weiterentwickelt.

Spitzpaprika Während in Deutschland eher die süße Blockpaprika bevorzugt wird, findet in fast allen anderen europäischen Ländern die robustere und ertragreichere Spitzpaprika eine größere Verwendung. Die rote 'Korosko', die frühe 'Sommergold' oder die gelborange 'Ferenc Tender' sind bei uns bewährte Sorten, die gerne angebaut und verzehrt werden.

Blockpaprika Die großen glockenartigen, oft süßen Blockpaprika werden je nach der Form ihres Fruchtendes noch einmal in stumpf- und spitzkegelig unterteilt. Die vierkammerige, rote stumpfe 'Yolo Wonder' oder die dreikammerige, rote 'Neusiedler Ideal' sind bekannte Beispiele. Zunehmend werden die balkongartengerechten, fruchtig süßen Miniaturformen der Blockpaprika wie die orange 'Sweet bite Ophelia' bei den Hobbygärtnern beliebter.

TIPP **Die überwiegend aus Ungarn stammenden Apfelpaprikasorten sind sehr niedrig, auch ohne Stütze standfest und bestens für Hochbeete und Töpfe geeignet. Die Sorten ähneln sich stark und kreuzen sich leicht mit anderen Paprikaformen. Empfehlenswert ist die Sorte 'Herzförmige'. Etwas würziger und sehr robust ist 'Sedar'.**

Apfelpaprika Botanisch werden Apfelpaprika nicht von den *Capsicum-annuum*-Sorten unterschieden, jedoch sind die Pflanzen robust, sehr früh und reichtragend. Die Früchte sind sehr dickwandig, knackig, fest und im Bereich der Samenscheidewände und Plazenta relativ scharf. Im Gegensatz zur Tomatenpaprika sind die Früchte nicht oder nur schwach gerippt. Sie können in allen Reifestadien von Grün, Hellgelb, Orange und Rot geerntet werden.

Tomatenpaprika § Tomatenpaprika *(Capsicum annuum* Grossum-Grp.*)* wurden vor mehr als hundert Jahren in Ungarn gezüchtet. Sie haben einen niedrigen, bäumchenartigen Wuchs. Ihr Hauptmerkmal sind die flachrunden gerippten Früchte in Gelb, Braun, Grün, Orange und vorwiegend Rot, die wie typische flachrunde Fleischtomaten aussehen. Sie schmecken sehr saftig, süß, selten etwas scharf, sind dickwandig und lange haltbar. Kulinarisch und auch optisch sind die Tomatenpaprika ein Leckerbissen. Sie können sich leicht kreuzen und ihre schöne Form dann verändern.

'Splendid' ist eine relativ glattschalige und robuste Sorte, den 'Paradeisförmigen' gibt es in Weinrot und in Goldgelb.

Kirschpaprika und Kirschchili § Die überwiegend scharfen Kirschpaprika *(Capsicum annuum* Cerasiforme-Grp.*)* sind sehr robust und bringen auch bei ungünstiger Witterung eine gute Ernte. Ihre Früchte sind rund bis flachrund und mit 2–4 cm Durchmesser kirschengroß. Sie haben reichlich Körner, einen geringen Hohlraum und ihr Fruchtfleisch ist relativ fest. Eine bekannte Sorte ist die etwas größere rote 'Mustafa'.

Kirschpeperoni tragen ihren Namen zurecht.

Peperoni § Die länglichen dünnen Früchte mit einer milden bis mittelstarken Schärfe werden als Peperoni *(Capsicum annuum* Longum-Grp.*)* bezeichnet. Je nach Sorte können sie scharf oder mild sein.

In Deutschland wird zwischen milden und scharfen Peperoni unterschieden. In der Schweiz nennt man diese Gruppe ebenfalls Peperoni, in Italien Peperone oder Peperoncini.

Die bis zu 25 cm lange 'Jimmy Nardellos' aus den USA und die etwas kürzere 'Milde Spiral' aus Österreich sind klassische Vertreter der Peperoni. Die scharfen Kirschpaprika oder die wunderschönen Glockenpaprika aus Ungarn stehen ihnen allerdings in nichts nach.

Chili § Am vielgestaltigsten sind die kleinen, aber scharfen bis sehr scharfen Chili, von denen es nur sehr wenige ausgesprochen milde Sorten gibt. Sie werden hin und wieder als Gewürzpaprika oder Pfefferschoten bezeichnet. Der spanische Begriff Pimienton, das türkische Wort Biber oder der alte deutsche Begriff Beißbeere werden den scharfen Chilis durchaus gerecht.

Eine etwas mildere Chilisorte ist Jalapeno 'TAM' oder auch die spanische Sorte 'De Padron'. Schärfer hingegen sind 'Bolivian Rainbow', 'Golden Cayenne', gefolgt von den sogenannten Thai Chili, den dickwandigen Rocoto bis zu den winzigen Pequintypen. Die wunderschönen Habaneros, der längliche rote 'Fatali' oder der bekannte 'Bhut Jolokia' zählen zu den schärfsten Vertretern ihrer Art.

Als typische Ausnahme unter den scharfen Früchtchen gelten der gelbe Habanero 'Aji Dulce Amarillo' oder die ähnlichen 'NuMex Suave' mit ihrem intensiven blumigen, fruchtigen, schärfefreien Habanero-Aroma.

Vorsicht beim Umgang mit scharfen Früchten

Auch in geringster Menge und nach mehrmaligem Händewaschen kann der Chilisaft noch höllisch brennen, wenn man sich versehentlich die Augen reibt oder auch nur die Nase putzt.
Der Scharfstoff Capsaicin ist nur alkohol- und fettlöslich, daher hilft Händewaschen nach der Verarbeitung der Früchte nicht viel. Besser ist es, beim Waschen und Schneiden der Früchte Handschuhe zu tragen. Wer Saatgut aus den sehr scharfen Jolokias, Habaneros, Cayenne und Co. gewinnt, sollte einen Mundschutz tragen oder zumindest in einem gut durchlüfteten Raum arbeiten, da das Capsaicin zusammen mit den ätherischen Ölen der Früchte die Atemwege reizen kann.

ZIERPAPRIKA ❦ Zierpaprika wurden wegen ihrer farbenprächtigen Optik und der schönen Fruchtformen gezüchtet. Sie haben meistens sehr viele Kerne, sind dagegen kulinarisch kein echtes Highlight. Ihre Früchte beeindrucken durch ihr prächtiges Farbenspiel von Weiß, Gelb, Orange, Violett, Rot wie bei 'Aurora' oder 'NuMex Twilight'.

Sorten wie 'Black Beauty' oder 'Variegata Chili' wirken durch ihr dunkles beziehungsweise panaschiertes Laub und ihren kompakten Wuchs sehr attraktiv.

Extra: Tepin

Capsicum annuum var. *aviculare* wächst in den subtropischen Regionen Südamerikas. Die Urformen bildeten kaum erbsengroße, sehr scharfe Früchte aus. Sie werden als Tepin bezeichnet und umfassen die rundlichen, kaum 1 cm großen Chili. Pepuin nennt man dagegen die 1–2 cm langen, kaum 2 mm dicken Chili. Diese Wildformen zeichnen sich durch einen breiten Wuchs und unzählige senkrecht über dem Laub stehende Früchte aus. Sie sind Vorgänger zahlreicher Ziersorten geworden.

Zierende Chili

Zahlreiche nutzbare Chilisorten sind ebenfalls bezaubernde Zierpflanzen. Viele wie die nur 30 cm hohe, buschig wachsende *Capsicum annuum* var. *aviculare* 'Pequin' bilden Hunderte von zierlichen weißen Blüten Miniature, die die Pflanze schon lange vor der Fruchtreife optisch attraktiv machen. Die höhere, sehr aromatische 'Fish Pepper' mit ihrem weißgrün panaschierten Laub besticht durch ein attraktives Blattwerk, farblich äußerst ansprechend ist außerdem die schwarzviolettlaubige und lila blühende 'Rumänische Chili'. Eine optische Pracht sind die schön geformten Habaneros wie 'Chocolate Habanero', die zitronengelben, länglichen 'Lemon Drop' oder die reifenden 'Bhut Jolokia'. Dankbare Abnehmer der reifen Chilifrüchte finden sich gewiss, denn für über zwei Drittel der Weltbevölkerung ist ein Leben ohne Chili undenkbar!

Grün weiß panaschiertes Laub hat die Sorte *C. annuum* 'Fish Pepper'.

Herkunft und Entwicklung

Die Heimat der Chili und Paprika liegt in den tropischen und subtropischen Regionen Südamerikas. Die Paprikagewächse mit der botanischen Bezeichnung *Capsicum* können zwischen 0,5 m und 3 m hoch werden. Es gibt mindestens 25 verschiedene Arten von Paprikagewächsen, wovon 5 in Kultur genommen wurden.

Verbreitung durch Vögel

Die Gattung *Capsicum* entstand vermutlich in Südbrasilien und Bolivien und wurde weitflächig durch Vögel bis nach Mittelamerika verbreitet. Sie setzte erfolgreich auf ihre auffallenden und schmackhaften Beeren, um sich ohne weiteres Zutun durch andere bewegliche Lebewesen weit verbreiten zu können.

Chili ist das ursprüngliche indianische Wort für die Paprikapflanze und bedeutet rot. Die meisten Früchte färben sich mit ihrer Reife leuchtend rot oder gelb und stehen deutlich über dem Blattwerk. Die Pflanzen haben sich mit diesen Signalfarben optimal auf ihre gefiederten Transporteure eingestellt.

Anders als bei Säugetieren funktioniert die Verdauung der Vögel nämlich ohne Salzsäure und das Erbgut der Samen kommt unbeschädigt an neuen Lebensräumen an. Die Schärfe wird nur von Säugetieren wahrgenommen. Insekten, Schnecken oder Vögel sind selbst von den schärfsten Früchten völlig ungerührt.

Geschichte eines Weltenbummlers

Erst mit den veränderten klimatischen Bedingungen unserer Breiten versteckten die Pflanzen ihre Früchte zunehmend unter ihrem Blätterdach. Doch die bunten Beeren müssen nun nicht mehr optisch auf sich aufmerksam machen. Statt mithilfe von Vögeln verbreitet sich die Pflanze durch den Menschen um ein Vielfaches und in wesentlich kürzerer Zeit.

Archäologische Funde in Südperu belegen, dass Chili bereits vor 6 100 Jahren als Kulturpflanze von den Vorfahren der Inkas und Azteken genutzt wurden. Die Zusammensetzung der gefundenen pflanzlichen Stärkekörnchen unterscheidet sich von denen der wilden Arten. Im Gegensatz zur Pflanze haben diese Stärkekörnchen, beziehungsweise deren Abdrücke, jahrtausendelang in Ritzen von Krügen, Mühlsteinen und anderen Werkzeugen überdauert.

Bereits um 1502 wurden längliche und runde, rote sowie gelbe scharfe Paprikafrüchte von den europäischen Entdeckern Südamerikas als Kulturformen der Ureinwohner beschrieben. Schon damals wurden die Pflanzen in großen Mengen von den Azteken, Inkas und Mayas für Nahrungs-, Heil- und rituelle Zwecke angebaut.

Wie die Kartoffeln oder Tomaten kamen auch die Paprika schon als züchterisch entwickelte Formen zu uns nach Europa und haben seitdem unseren Speisezettel deutlich bereichert.

Paprika auf dem Weg nach Europa

Kolumbus brachte die ersten Paprikapflanzen 1493 von seinen Entdeckungsreisen aus der Neuen Welt nach Spanien. Die Pflanzen gediehen in ihrer neuen Heimat sehr gut und breiteten sich von dort sowie von Portugal rasch über die Mittelmeer- und Balkanländer nach Afrika und bis nach Japan in den Fernen Osten aus.

Zu dieser Zeit war der schwarze Pfeffer *(Piper nigrum)* aus Indien ein beliebtes scharfes Gewürz. Allerdings war das tropische Schlinggewächs mit hohen Einfuhrzöllen des damaligen Handelsmonopols in Venedig belegt und dadurch sehr teuer. Schon allein deswegen waren die Menschen sehr motiviert, Paprika selbst im Garten anzubauen.

Über den Balkan und Ungarn kam die Pflanze nach Österreich und Deutschland. Die ersten Nachweise von Paprikapflanzen um 1543 in Deutschland stammen von Leonhard Fuchs sowie von den pfälzischen Botanikern Hieronymus Bock und Jacob Theodor, der unter dem Namen Tabernaemontanus bekannt war. Im „New Kreuterbuch" von Fuchs heißt das Paprikagewächs „Indianischer Pfeffer" und Tabernaemontanus nennt es „Presilienpfeffer" in seinem „New vollkommentlich Kreuterbuch".

Der Kolonialismus, die Heimkehr von Sklaven und der zunehmende Welthandel begünstigten die rasche Ausbreitung und Züchtung der verschiedensten Paprika und Chili. Jedes Land, in das Chili und Paprika eingeführt wurden, bearbeitete die Pflanzen entsprechend den Vorlieben seiner Einwohner und den dortigen Klimaverhältnisse züchterisch. Mit der zunehmenden Reiselust der Menschen wanderten die unterschiedlichsten Paprikaarten und -sorten in alle Welt, veränderten sich in ihrer neuen Heimat und schufen innerhalb von 500 Jahren eine einzigartige Sortenfülle. Damit ist unsere heutige Paprikaauswahl ein Beispiel für eine lustvolle und bereichernde Auswirkung der Globalisierung.

Verschiedene Namen für Paprika

Die Bezeichnungen in den verschiedensten Ländern, wie im Englischen Pepper, im Spanischen Pimiento, im Italienischen Peperoni oder Peperone, nehmen Bezug auf die Schärfe der Früchte. Bei uns ist das Wort Paprika ein Überbegriff für alle milden und scharfen Fruchtformen. Zunehmend bürgert sich aber der Begriff Chili als Bezeichnung für die scharfen Früchte ein. In Südamerika sind mit Chili oder Aji alle Capsicumarten gemeint.

Die schönen historischen Pflanzennamen wie „Teutscher Pfeffer", „Guineapfeffer", „Vogelpfeffer", „Kappenpfeffer", „Fliegenpfeffer", „Beißbeere", „Gartenkorallen" und „Polterhans" sind aus unserem heutigen Wortschatz so gut wie verschwunden.

Chili 'Peruvian Purple'

Unterscheidungsmerkmale der botanischen Capsicumarten

Die Tabelle dient als grobe Richtlinie, Ausnahmen bestätigen die Regel!

Art	Blüte, Fruchtstil	Blatt	Wuchs	Frucht
Capsicum annuum Kulturform: *C. annuum* var. *annuum*	Eine 1–3,5 cm große weiße, selten violette oder violettweiß gemusterte Blüte bzw. Frucht je Blattknoten	Grün, violett-schwarz, weiß panaschiert, violett panaschiert	Sehr unterschiedlich 30–150 cm im Freien, im Gewächshaus höher	Viele Farben, reifen sortenabhängig von grün zu schwarzviolett, orange, von gelb zu orangegelb oder rot, selten zu braun
Capsicum annuum var. *aviculare* (Tepin)	1–2 cm große Blüte bzw. Frucht je Fruchtknoten	Grün, 3–7 cm, schmal bis breit lanzettlich	Buschiger, meist kompakter Wuchs	Nur 1–2 cm lange und 2–5 mm dicke aufrecht stehende Früchte in gelb oder rot
Capscium annuum Grossum-Grp. (Tomatenpaprika)	1–2 cm große Blüte bzw. Frucht je Fruchtknoten	Grün, 3–15 cm, schmal bis breit lanzettlich	Buschiger, meist kompakter Wuchs	Flachrunde, gerippte Früchte in Rot, Gelb. Orange sehen wie flache Fleischtomaten aus
Capsicum annuum Cerasiforme-Grp. (Kirschpaprika)	1–2 cm große Blüte bzw. Frucht je Fruchtknoten	Grün, 3–10 cm, schmal bis breit lanzettlich	Buschiger, meist kompakter Wuchs	2–4 cm große, glatte runde Früchte
C. chinense	Zwei bis fünf 0,8–2 cm große, weiß–weißgrüne Blüten bzw. Früchte je Blattknoten	Grün, 5–15 cm, breit lanzettlich bis herzfömig	60–150 cm, sehr breit buschiger, überwiegend kompakter Wuchs	3–8 cm, walzenförmig, länglich oder breit spitz, vorwiegend hängende Früchte mit oft eingebuchteter oder warzenförmiger Oberfläche, reife- und sortenabhängig gibt es die Früchte in verschiedenen Farben
C.frutescens	Eine 0,8–1,5 cm große weiße Blüte je Nodium, oft gezahnte Kelchblätter	Grün, schmal lanzettlich	Kompakt straff aufrecht, 50–180 cm	3–6 cm große, oft nach oben aufrecht stehende, keilförmige bis längliche Früchte
C. pubescens	Eine bis vier 1–2 cm große violette Blüte je Nodium, Kelchblätter haben verlängerte Spitzen	Blau- bis graugrün, 5–15 cm, breit lanzettlich, ist als einzige kultivierte Art behaart	Breit buschig, locker verzweigt	3–6 cm, runde bis walzenförmige, glatte sehr dickwandige Früchte mit typisch braunschwarzen Samen

Paprika im Garten

Wer dem buschig wachsenden Verwandten der Tomate ein warmes und etwas geschütztes Plätzchen bietet, kann mit einer reichen Paprikaernte rechnen und sich über gesundes Gemüse aus dem eigenen Garten, dem Gewächshaus oder von der Terrasse freuen. Die Vielfalt der interessanten Gattung lässt sich auf kleinstem Raum erleben und nutzen.

Arbeitskalender Paprika

Monat	Arbeit	Tipps
Ab Mitte Februar	Aussaat	Keimtemperatur von 20–25 °C gewährleisten. Bodenwärme (Fensterbank über der Heizung) wird benötigt. Torffreie Pikiererde, evtl. mit Sand gemischt, verwenden. Nicht mehr als 10–15 Samen je m^2 (im 9er-Topf) aussäen. Sorten schon bei der Aussaat etikettieren. Sorten mit langer Entwicklungszeit schon ab Januar aussäen. Heller Standort ist unabdingbar. Die Keimung erfolgt nach 2–6 Wochen.
Ab Mitte März	Pikieren	Pflanzen sollten mindestens zwei vollgrüne Blattpaare haben. Wurzeln beim Pikieren nicht abknicken, sonst faulen sie.
Ab Mitte April	Abhärten	Jungpflanzen und überwinterte Pflanzen (s. Seite 38) an warmen Tagen ins Freie stellen.
Ab Mitte April	Auspflanzen	An frostfreien Standorten (Gewächshaus).
Ab Mitte Mai	Auspflanzen	Im Freiland, sobald der Boden warm genug ist und es die Witterung erlaubt. Bei eigenem Sortenerhalt Isoliertunnel oder Ähnliches zum Schutz vor Fremdbestäubung bauen. Auf windgeschützten, warmen Standort achten. Regelmäßig gießen und schwach düngen (Düngung bis Ende Juli, s. Seite 31).
Ende Mai	Königsblüte	Bei großen Gemüsepaprika Königsblüte (1. Blüte) abschneiden
Ab Mai, Juni	Stützen	Pflanzen stäben und stützen.
Ab Ende Juli	Ernte	Beginn der Ernte für die Verwertung.
Ab Mitte August	Ernte	Nur voll ausgereifte Früchte ernten. (Bei Endreife sind die Früchte rot, gelborange oder braun.) Auf gewünschte Sortenmerkmale und Pflanzengesundheit achten. Früchte sicherheitshalber vor der Saatentnahme probieren. Saatgut etwa zwei Wochen trocknen lassen, in Papiertüten oder Gläsern mit Silikagel lagern und beschriften.
Ab Oktober	Überwinterung	Bei Temperaturen unter 10 °C Pflanzen ins helle Winterquartier räumen, evtl. zurückschneiden, wie Kübelpflanzen behandeln
Ab November	Planung	Anbauplanung; evtl. neue Sorten erwerben, tauschen.

Das A und O – Saatgut

Bezugsquellen von Saatgut

In Gartenmärkten und bei Gartenversandhäusern gibt es eine große Auswahl an verschiedenen Blockpaprika, Tomatenpaprika, Peperoni und Chili. Allerdings wird hier oft Hybridsaatgut angeboten, das eine üppige und gleichmäßige Ernte verspricht. Das Saatgut hat einen höheren Preis, der Nachteil dieser besonderen Züchtungsform ist aber, dass kein Nachbau möglich ist. Das Saatgut ist nur in der ersten Generation (F1-Hybriden) einheitlich, alle weiteren Generationen spalten sich in ihren Eigenschaften sehr stark auf. Auf den Saatgutpäckchen muss der Zusatz F1-Hybride laut Gesetz vermerkt sein. Sortennamen ohne weitere Kennzeichnung wie beim roten Blockpaprika 'California Wonder' sind dagegen nachbaubar. Trotz aller Werbung für die Hybriden: Nicht-Hybridsorten sind sehr gut für den Hausgarten geeignet.

Saatgutqualität

Guter Paprikasamen ist fest und lässt sich nicht eindrücken. Die Samenkörner sind 2–3 mm groß und von hell ockergelber Farbe. Graue Verfärbungen weisen auf einen Pilzbefall hin. Unterschiedlich große Samenkörner sind häufig das Produkt von Kreuzungen. Nur wenige Chiliarten wie der Baumchili haben dunkelbraune, fast schwarze Samen.

Seltene nachbaubare und gartenwürdige Paprikasorten werden von Nutzpflanzen-Erhaltungsorganisationen und darauf spezialisierten professionellen Züchterbetrieben sortenecht erhalten und angeboten (s. Seite 78–79).

Breites Angebot an Liebhabersorten

Erfreulicherweise gibt es ein breites Angebot an ausgefallenen Paprikasorten in allen erdenklichen Farben, Formen, Aromen und Schärfegraden, die von Liebhabern angeboten werden. Die seltenen Schätze sind überwiegend auf Spezialmärkten, Tauschbörsen oder im Internethandel zu finden. Besonders wichtig ist bei derlei Handel aber der Erfahrungsaustausch untereinander.

TIPP **Wird eine Sorte mit dem Hinweis „frei abblühend" angeboten, so beschreibt das den Anbau ohne Isolierschutz, das heißt es kann zu Verkreuzungen gekommen sein.**

Für Paprika- und Chili-Neueinsteiger gibt es viele interessante und detaillierte Internetforen. Es lohnt sich immer, eine Sorte bei mehreren Foren und Anbietern zu vergleichen. Wichtig ist auch, in welcher Klimaregion die angebotene Sorte wächst. In Bezug auf Schärfegrade, Erntezeitpunkt und Pflanzenhöhe unterscheiden sich die Angaben erheblich, da diese Faktoren gerade von der lokalen Witterung abhängig sind.

Jedoch entwickelt sich nicht selten eine verführerisch klingende Sorte im eigenen Garten zu etwas völlig anderem und im schlimmsten Fall zu einem Flop. Häufig werden Sorten auch unter dem falschen Namen angeboten, sind verkreuzt, oder das Saatgut selbst ist zu alt oder von schlechter Qualität. Lassen Sie sich von solchen Misserfolgen jedoch nicht abschrecken.

Pflanzenmärkte

Auf zahlreichen Pflanzenmärkten werden immer öfter unterschiedliche Paprika- und Chili-Jungpflanzen oder gar Früchte tragende Exemplare angeboten.

Selbst wenn die Pflanzen im Verhältnis zum Samenpäckchen teurer sind, lohnt sich der Kauf, weil die zeitaufwendige Anzuchtarbeit entfällt. Viele Chilipflanzen können in hellen Räumen überwintert werden, sodass sich auch der Kauf im Herbst lohnt.

Ob eine Paprika im Garten gedeiht oder nicht, hängt von verschiedenen Faktoren ab.

Allerdings sollte man sich zuvor absichern, ob es sich um eine nachbaubare Sorte und nicht um eine Hybridform handelt. Im Gegensatz zum Saatgut haben Pflanzen keine Deklarationspflicht. Zierpaprika können außerdem noch mit Pestiziden belastet sein. Fragen Sie deshalb immer nach, woher die Pflanzen stammen und unter welcher Anbauweise sie kultiviert wurden. Aus den Früchten kann natürlich reichlich Saatgut gewonnen werden, obwohl man auch hier nicht vor einer Verkreuzung sicher sein kann.

Probieren geht über Studieren

Da in jedem Garten eigene Bedingungen, in Form von lokaler Witterung, der Lage, den Bodenverhältnissen, vorhandenem Pflanzenbewuchs und den ganz privaten Vorlieben des Besitzers herrschen, ist auch hier individuelles Probieren, Testen und Anpassen nötig. Oft keimt das selbst gewonnene Saatgut besser als neu hinzugekommenes, unabhängig von dessen Qualität.

Nicht zuletzt muss jeder seine eigenen Erfahrungen machen, welche Sorten im eigenen Garten am besten wachsen, da es keine allgemeingültigen Standardvoraussetzungen und pauschale Gebrauchsanweisungen für das Pflanzenwachstum im eigenen Garten gibt.

Unter Quarantäne stellen

Bewährt hat es sich, neue Pflanzen getrennt von dem eigenen Bestand anzubauen, um die Neulinge auf Sortenreinheit und vor allem Gesundheit zu testen. Leider kommen immer häufiger Viruserkrankungen unter Liebhabersorten vor, die langsam, aber sicher den Bestand vernichten und nicht bekämpft werden können.

Anzucht der Jungpflanzen

Lichtbedarf

Eine frühe Aussaat bringt nicht unbedingt ein frühes Ernteergebnis. Wichtiger sind günstige Lichtverhältnisse. Jungpflanzen, die genügend Licht bekommen, werden stämmiger und robuster. Unsere Fensterscheiben sind üblicherweise nicht für gärtnerische Aktivitäten gemacht. Je nach Fensterseite (Himmelsrichtung), umgebenden Gebäuden oder Bäumen verringert sich die einfallende Lichtstärke zum Teil erheblich. Hochwertige Gewächshäuser mit speziellen Gewächshausfolien oder Stegdoppelplatten lassen bis zu 90 % des Tageslichts durch.

Wem nur die Fensterbank zur Verfügung steht, sollte frühestens Mitte Februar loslegen, wenn die Tageslängen wieder 9 Stunden überschreiten.

Spezielle Anzuchtlampen, die im Gegensatz zu normalem Kunstlicht im pflanzenverwertbaren UV-Lichtbereich von 380–780 Nanometern liegen, erleichtern die Entwicklung der Paprika. Sorten wie der scharfe 'Bhut Jolokia', mit einer langen Reifezeit von über 100 Tagen, sind sogar auf das zusätzliche Licht angewiesen, da sie zeitiger im lichtarmen Monat Januar oder Februar ausgesät werden müssen.

Dank eines Gewächshauses oder eines hellen Wintergartens sind aber bessere Voraussetzungen für eine frühere Anzucht gegeben. Nur bei den richtigen Lichtverhältnissen können sich die Pflanzen optimal entwickeln.

Passende Töpfe

Für die Jungpflanzenanzucht haben sich 9 cm breite und hohe Plastiktöpfe (9er-Töpfe) gut bewährt. Viele Hobbygärtner heben die Töpfe, in denen Stiefmütterchen und Sommerpflanzen gewachsen sind, auf. Diese Töpfe sind üblicherweise frei von gemüseschädlichen Pilzkrankheiten, außerdem haben die Pflanzen darin nur wenige Wochen verbracht.

Als Untersetzer dienen ausgediente Teller, Plastikschüsseln oder die in Gärtnereien häufig benutzten Handschalen von 40–60 cm Umfang. Letztere sind zwar teurer, aber ideal zu transportieren und halten über 10 Jahre. Die oft kurzlebigen Anzuchtgefäße des Hobbygartenbedarfs sollten besser im Regal der Supermärkte stehen bleiben. Sie bestehen aus sehr dünnem Kunststoff und reißen, spätestens wenn sie mit Erde gefüllt sind, leicht auseinander. Sehr praktisch und langlebig sind dagegen die etwa 20 × 40 cm großen Minigewächshäuser aus festem Kunststoff (Polycarbonat) mit hohem, durchsichtigem Aufsatz und kleinen Lüftungsklappen. Zur Aussaatzeit sind diese in den Baumärkten und Gartencentern günstig zu haben.

Die richtige Erde

Die oft sehr teure Anzuchterde ohne jeden Düngeranteil liefert bei der Keimung von Paprika enttäuschende Ergebnisse. Sie ist eher für Kräuter mit einem niedrigen Nährstoffbedarf geeignet.

Erde selbst herstellen

Bei selbst hergestellten Erden hat sich eine Mischung aus zwei Dritteln gut abgelagertem, mehrjährigem Kompost und einem Drittel Sand bewährt.
Das Mischungsverhältnis kann auch 1 : 1 betragen. Ein Drittel Kompost kann ebenso gut gegen ein Drittel lockere leichte Gartenerde oder gekaufte Erde ausgetauscht werden.

Als Vertreter der Nachtschattengewächse ist Paprika sehr nährstoffbedürftig und keimt, wie Tomaten, gut in einem 1 : 1-Gemisch von torffreier Blumenerde und Sand. Die Beigabe von Sand verbessert dabei die Durchlüftung der Erde, welche wiederum für das Wurzelwachstum wichtig ist.

Ob es eine gute Pflanzenerde ist, können Sie anhand folgender Merkmale beurteilen:

- Gute Pflanzenerde hat eine braune Farbe und ist geruchsneutral oder duftet nach Walderde.
- Schwarze Substrate gaukeln dem Käufer einen hohen Humusgehalt vor und sind zwecks dieser Optik schwarz gefärbt oder haben einen hohen Schwarztorfanteil.

Glücklicherweise gibt es immer mehr torffreie Erden, die im naturnahen Garten unbedingt den Vorzug bekommen sollten. Torf wird durch zerkleinerte Rinden und Kompost ersetzt.

Arbeitsschritte Aussaat

Anzuchterde dämpfen Selbst hergestellte Anzuchterde sollte durch Dämpfen keimfrei gemacht werden, da sich in ihr Pilzsporen und Schädlinge befinden können. Gerade in günstigen gekauften Erden kommen zum Beispiel Trauermücken vor, deren cremefarbene Larven die jungen zarten Pflanzenwurzeln fressen.

Da für den Hausgarten nur kleine Mengen Anzuchterde benötigt werden (5–20 l), kann die Erde in einem ausgedienten Bräter oder Bratenschlauch bei mindestens 100 °C im Backofen 1 Stunde erhitzt werden. Wie bei einem Sonntagsbraten sollten Löcher in den Bratenschlauch

Arbeitssparend ist die Methode, Paprika direkt in die Säcke zu setzen.

gestochen werden, damit die Feuchtigkeit aus der Erde entweichen kann.

AUSSÄEN Die Töpfe werden bis 2 cm unter den Rand mit Erde aufgefüllt und kräftig gewässert. Für ein paar Stunden lässt man sie dann abtrocknen, sodass sie sich bei normaler Raumtemperatur wieder erwärmen. Mit nasskalten „Füßen" sind die Paprikakeimlinge anfälliger für Pilzkrankheiten.

Danach werden die Körner sorgfältig einzeln auf die Erde in den Töpfen gelegt, mit einer 1–2 mm feinen Sandschicht abgedeckt und noch einmal sehr vorsichtig angegossen. Der Sand schützt die quellenden Samenkörner vor starker Austrocknung, lässt aber im Gegensatz zur gesiebten Erde mehr Sauerstoff durch.

In einen 9er-Topf passen 5–10 Samenkörner. Stehen die Sämlinge zu dicht, nehmen sie sich rasch gegenseitig Licht und Nährstoffe weg. Später beim Pikieren wird auch das Vereinzeln einfacher.

Eine Frischhaltefolie über jedem Topf sorgt für eine angespannte, feuchtere Luft, die das Keimen erleichtert. Die Folie sollte mit einer Nadel mehrfach durchstochen werden. Man entfernt sie alle 1–2 Tage, damit die Sämlinge genug frischen Sauerstoff erhalten.

Wärme ist wichtig

Zum Keimen und Gedeihen brauchen Paprikapflanzen vor allem ausreichend Wärme. Die optimale Temperatur für Luft und Boden liegt bei 20–25 °C.

Bodenwärme fördert das Wurzelwachstum und die Entwicklung der Pflanzen besonders gut. Im Handel gibt es spezielle Heizplatten oder beheizbare Anzuchtgewächshäuser für den Hobbybedarf. Wem diese Anschaffung zu kostspielig ist, sollte die Pflanzen zumindest in den Wintergarten oder in helle Wohnräume über die Heizungen stellen.

In Weißrussland werden die Jungpflanzen auf mit 15 cm Erde gefüllten Holztischen herangezogen und von unten mit einem offenen Kamin beheizt. Die warme Luft steigt nach oben und erwärmt die Erde auf den Tischen. Die Pflanzen danken diese Extrazuwendung mit einem kräftigen Wurzelwachstum.

Unterschiedliches Keimverhalten

Bei Paprika keimen zwischen 30–80 % des Saatguts. Gutes Saatgut kann bereits nach einer Woche bis 10 Tagen keimen, normal sind 2–3 Wochen. Manchmal beträgt die Keimzeit bis zu 6 Wochen. Allerdings ist das Keimverhalten oft sehr unterschiedlich: 3- bis 4-jähriges Saatgut geht, den Beobachtungen von einigen Anbauern zufolge, oft besser auf als das frische Saatgut von der letzten Ernte.

Aus Keimlingen werden Jungpflanzen

Bis zur Keimung reicht den Samenkörnern normalerweise die angefeuchtete Erde aus. Die Keimlinge werden am besten mit handwarmem weichem Regenwasser gegossen. Sie reagieren empfindlich auf zu kaltes Wasser. Damit die Pflanzen rasch abtrocknen, werden sie vormittags oder am frühen Nachmittag gegossen.

Ein kleines Gewächshaus bietet optimale Bedingungen für die Jungpflanzen.

Gerade im gequollenen Zustand sind die Keimlinge sehr trockenheitsempfindlich und sollten daher täglich kontrolliert werden. Bei zu feuchtem Substrat hingegen können die Samen sehr schnell verfaulen und von innen hohl werden.

Nach der Keimung bilden sich die langen schmalen Keimblätter, bevor eine Woche später die ersten ovalen Laubblätter erscheinen. Sobald die Paprika jedoch die ersten zwei Laubblattpaare gebildet haben, sind sie etwas robuster und können bald vereinzelt werden.

Vereinzeln und Umtopfen

Nach 4–6 Wochen ist es Zeit, die Pflanzen in einzelne Töpfe zu setzen. Sie werden vorsichtig ausgetopft und auseinandergezogen. Beim Gärtnern heißt dieser Vorgang Pikieren. Die Wurzeln sollten nicht länger als der neue Topf sein und gegebenenfalls eingekürzt werden. Abgeknickte Wurzeln können faulen und die Pflanze unnötig in ihrer Entwicklung stören. Wie bei Auberginen und Tomaten ist auch bei den Paprika eine gute, nährstoffreiche Erde oder die eigene Erdkompostmischung am besten (s. Seite 25–26).

Pflege der Jungpflanzen bis zum Aussetzen

An warmen Frühlingstagen können die Pflanzen schon einmal vorsichtig an das Freiland gewöhnt werden. Um einen Sonnenbrand auf den Blättern zu vermeiden, werden sie bei bedecktem Wetter ins unbeheizte Gewächshaus oder an geschützte, absonnige Standorte ins Freie geräumt. Kühle Nachttemperaturen unter 12 °C sorgen selbst bei kräftig entwickelten Pflanzen für mehrwöchige Wachstumsstockungen.

Tipp für die Prüfung der Erdenqualität: Kressetest

Im Zweifelsfall kann der Gärtner einen Kressetest durchführen, die einen schnellen ersten Eindruck über die Erdenqualität gibt. Gartenkresse keimt sehr schnell nach 1–3 Tagen. Auf die angefeuchtete Erde wird das Saatgut gestreut, kurz übergossen und der Topf mit Frischhaltefolie abgedeckt. Unterbleibt die Keimung, ist die Erde für die empfindlichen Keimlinge ungeeignet.

'Aurora' besticht durch ihre vielfarbigen Früchte.

Vergeilen der Jungpflanzen in Folge von Lichtmangel

Mangels Licht schießen die Jungpflanzen in die Höhe und bekommen weiche, hellgrüne Pflanzenstängel. Der Gärtner spricht bei diesem Zustand vom Vergeilen. Die Pflanze dehnt sich auf der Suche nach Licht in die Höhe und ihr Abstand zwischen den Blattpaaren ist unnatürlich lang. Gegenüber Schädlingen und Krankheiten sind diese kümmerlichen Pflanzen anfälliger. Jungpflanzen die genügend Licht bekommen wirken stämmiger und robuster. Sie wachesen auch später im Beet oder im Topf viel besser heran.

Ab in den Garten!

Auspflanzen

Die wärmebedürftigen Paprika werden nach den Eisheiligen ab Mitte Mai ins Freiland gesetzt. Im Gewächshaus, frostfreien Frühbeetkasten oder Folientunnel können sie bereits ab Mitte April ausgepflanzt werden.

Viele voreilige Gärtner erreichen mit dem zeitigen Aussetzen keinen frühen Ertrag und wundern sich, warum die Pflanzen in ihrer Entwicklung stocken.

Es lohnt sich, mit dem Auspflanzen so lange zu warten, bis sich der Boden gut erwärmt hat, damit die Pflanzen zügig weitergedeihen können. Generell wachsen Paprika auf einem leichten, dunklen, gut mit Humus beziehungsweise Kompost versorgten Sandboden besser als in einem schweren Lehmboden.

TIPP **In Hanglagen empfiehlt sich eine einreihige Kultur, denn die vorderen Pflanzen nehmen denjenigen der zweiten Reihe zu viel Licht weg.**

Vor dem Auspflanzen im Garten sollte der Erdballen der Paprika noch einmal ausreichend mit Wasser getränkt sein, damit die Pflanze die besten Anwachsbedingungen hat. Es dauert eine Weile, bis sehr trockene Erde Wasser aufnehmen kann. Im Extremfall und bei sehr warmer Witterung können die Jungpflanzen dann trotz kräftigen Angießens einige Tage kümmern oder sogar vertrocknen.

Pflanzenabstand

Je nach Sorte und Standortbedingungen können Paprika 0,5–1 m im Freiland oder 3 m im Gewächshausanbau hoch werden. Ihr Wuchs ist buschig verzweigt.

Pflanzenabstand im Freiland:
- 40 cm in der Reihe
- 100 cm zwischen den Reihen

Im Gewächshaus sind weitere Abstände einzuhalten, weil die Pflanzen sich hier viel kräftiger entwickeln.

Je mehr Platz die einzelnen Pflanzen haben, desto kräftiger können sie sich entwickeln und desto leichter können ihre Früchte geerntet werden. Die Beetbreite beträgt je nach den Vorlieben des Gärtners 1–2 m, die Länge ist beliebig. 1,2–1,5 m sind praxisbewährte Maße, da man das Beet von jeder Seite gut erreichen kann.

Tipps zur Vor- und Nachkultur von Paprika

- Leguminosen wie Bohnen, Erbsen oder niedriger Steinklee als Gründüngung zur Vorkultur reichern den Boden zusätzlich mit Stickstoff an.

- Als Starkzehrer verlangen Paprika einen frisch aufbereiteten, gut gedüngten Boden. Als Nachkultur eignen sich Mittel- oder Schwachzehrer wie Salat, Kohlrabi oder Mangold.

Mischkulturpartner

Günstige Mischkulturpartner sind Pflanzen mit geringen Nährstoffansprüchen. Zu Beginn der Kultur können schnell wachsende Radieschen eingesät werden, die geerntet sind, bevor die Paprika mit ihrem Blattwerk das ganze Beet beschatten. Kopfsalat ist ebenfalls ein guter Pflanzpartner.

Mit entsprechendem Abstand vertragen sich kleinfrüchtige Chili gut mit den ebenfalls starkzehrenden Tomaten. Beide Nachtschattengewächse lieben einen geschützten Anbau, und die hohen Tomaten bieten den kleineren Paprika einen Windschutz, die wiederum den Boden beschatten und für eine ideale Schattengare sorgen.

Materialien zur Bodenabdeckung

Die Bodenerwärmung geht unter einem Vlies oder einer Bodenabdeckung schneller voran und verhindert den Wuchs unerwünschter Beikräuter.

- Stroh als Bodenabdeckung ist bei Paprika im Gegensatz zu Tomaten ungeeignet, da es den stickstoffhungrigen Pflanzen zu viele Nährstoffe entzieht. Besser geeignet ist Heu, dessen Stickstoffanteil höher ist.
- Materialien aus Kunststoff wie MyPex®-Bändchengewebe erfüllen zwar gut ihren Zweck, sind aber wegen ihrer aufwendigen Herstellung und Entsorgung nicht unbedingt für den ökologischen Anbau zu empfehlen.
- Eine Alternative ist die biologisch abbaubare schwarze Maisstärkefolie. Sie sorgt ebenfalls für eine ausgeglichene Bodenfeuchtigkeit und gibt Wärme ab. Am Ende der Saison wird die Folie einfach in den Boden eingegraben und ist wenige Monate später zersetzt.

Richtig Wässern

Anders als Tomaten brauchen Paprika mit ihren relativ flachen Wurzeln trotz Bodenabdeckung regelmäßig Wasser. Topfpflanzen benötigen bei warmem Wetter täglich, Gartenpflanzen mindestens alle 2–3 Tage Wasser. Das Gießen sollte frühmorgens oder abends und nicht bei intensiver Sonneneinstrahlung oder Hitze geschehen, ansonsten können Verbrennungen entstehen.

Paprika eignet sich gut für den Mischkulturenanbau.

Stroh bewahrt Feuchtigkeit, entzieht aber Nährstoffe.

Düngung, Pflege und Pflanzengesundheit

Paprika sind größere Starkzehrer als Tomaten, aber salzempfindlich. Die Nährstoffzufuhr darf nicht zu hoch sein, es müssen aber häufiger und konstanter Nährstoffe zugeführt werden. Organische Langzeitdünger sind hierfür ebenso geeignet wie sich langsam zersetzender Kompost oder Hornspäne. Topfpflanzen reagieren sehr gut auf handelsüblichen organischen Flüssigdünger bis spätestens Anfang Juli. Danach wird die Düngung zwecks besserer Fruchtentwicklung stark eingeschränkt. Die wichtigsten Nährstoffe sind:

- Stickstoff,
- Magnesium zum vegetativen Wachstum,
- Phosphor und Kalium zur Blüten- und Fruchtausbildung,
- Kalzium für ein festes Pflanzengewebe.

TIPP Um eine gute Verzweigung zu erreichen, wird ab Ende Mai die erste Blütenknospe, die sogenannte Königsknospe, der großen Gemüsepaprikapflanzen ausgebrochen. Bei den kleinfrüchtigen Chilipflanzen gibt es ohne große Pflegemaßnahmen Hunderte von scharfen Beeren.

Am häufigsten von allen Mangelerscheinungen ist die durch Kalziummangel bedingte Blütenendfäule (s. Seite 34).

Stützen der Pflanzen

Viele Sorten müssen aufgrund ihrer Fruchtgröße oder Erntemenge gestützt werden. Dabei ist es egal, ob es sich um Freiland- oder Topfpflanzen handelt. Durch die schweren Früchte können die relativ starren Pflanzenstängel leicht brechen. Nur wenige kleinfrüchtige und buschig wachsende Chilisorten wie die nur 10 cm hohe Sorte 'Medusa' oder die 30 cm hohe 'Pequin Miniatur' brauchen keine Stütze.

Pflanzen mit schweren Früchten müssen aufgebunden werden.

Stäbe ❧ Praktisch zum Stützen sind 1 m lange Stäbe aus Bambus oder Gehölzschnitt und Weinbindedraht. Weinbindedraht ist kostengünstig im Fachhandel erhältlich und lässt sich schnell verarbeiten. Der dünne Draht ist mit einer Papiermanschette umwickelt und schneidet daher nicht wie fester Kunststoff in das Pflanzengewebe ein. Diese Methode ist zwar materialintensiv, doch dafür muss weniger Zeit in folgende Aufbindearbeiten investiert werden.

Gitternetze ❧ Für einen sicheren Stand der Paprikapflanzen sorgt ein gut gespanntes Gitternetz mit einer Maschenweite von 10 × 10 cm. Allerdings sind durch das Netz in dieser Fläche die Pflegearbeiten wie Jäten und Ernten erschwert.

Paprikaleiter ❧ Längere Paprikareihen können mit einer doppelten Leine aus Schnur und einem Stützgestell, den sogenannten Paprikaleitern, besser gehalten werden. Mit dem Pflanzenwachstum werden mehrere Etagen an Leinen benötigt.

Durch das Einbringen einfacher Klammern entsteht zwischen den Schnüren mehr Spannung, damit diese die schweren Früchte tragen können. Allerdings müssen die Pflanzentriebe immer wieder konsequent in die Leinen eingefädelt werden, damit die spätere Ernte einfach vonstatten gehen kann.

Schnurbindung ❧ Im geschützten Gewächshausanbau werden viele Paprika und Chili über 2 m hoch. Bei Sorten wie dem 'Ungarischen Glockenpaprika', die höher als 1 m werden, lohnt sich die Aufbindung wie bei Tomaten. Dabei wird der Trieb alle paar Tage um die Schnur gewickelt.

Überwinterung

Chililiebhaber bestätigen, dass erstaunlich viele Sorten wie die 'Sibirische Hauspaprika' oder der bunte 'Bolivian Rainbow' gut an hellen Plätzen in Wohnungen gedeihen. Paprikagewächse sind von Natur aus mehrjährig und können wie Kübelpflanzen hell und bei über 15 °C überwintert werden. Doch es klappt nicht bei allen Arten und Sorten. Viele Gemüsepaprikasorten sind beispielsweise für die einjährige Kultur so weit gezüchtet worden, dass es kaum möglich ist, sie mehrjährig zu kultivieren.

Vor dem Einräumen ins Winterquartier im Herbst werden alle gelben Blätter und abgestorbene Triebe entfernt. Selbst wenn die oberirdischen Triebe wie bei 'Red Savina®' oft fast ganz absterben, treibt die Pflanze aus ihrem Wurzelstock aus. Im Frühjahr erhöht man die Düngung und gewöhnt die Pflanze langsam wieder an Freilandverhältnisse.

In einem Kleingewächshaus können auch empfindlichere Paprika problemlos angebaut werden.

Tipps für eine reichhaltige Ernte

Kleine Folientunnel

Die Funktion eines kleinen Gewächshauses kann ein etwa 1,5 m hoher Folientunnel übernehmen. Dazu werden 6 mm dicke Metallbögen aus rostfreiem Edelstahl, Eisen oder biegsamen Kunststoffrohren im Abstand von 1,5 m gesteckt und mit Gärtnerfolie überspannt. Über die Folie kommt noch einmal zur Befestigung ein Metallbogen. Zur Lüftung sollte sich die Folie leicht hochschieben lassen.

Frühbeetkästen aus Holz

Statt Metall erfüllt ein selbst gebauter Holzrahmen aus Dachlatten die gleiche Funktion und wirkt durch den Naturbaustoff außerdem etwas dezenter. Wichtig ist, dass dieser selbst gebaute Kasten eine Neigung hat, damit das Regenwasser von der Folie gut abfließen kann.
Mit alten Brettern, Dachlatten, Eisenwinkeln, Scharnieren, Schrauben und Folien lassen sich transportable Frühbeetkästen und einfache Fenster bauen.
Damit die Folie bei Dauerregen nicht durchhängt, sollten im Abstand von 30 cm Querlatten eingebunden werden.
Diese Abdeckungen sind zwar nicht so lange haltbar wie Glasscheiben, dafür aber leichter und besser zu handhaben.
Einfache Schraubzwingen haben sich zur Befestigung der Folie auch an stürmischen Tagen sehr gut bewährt.

Wärmeschutzvlies

Ein Vlies dient als zusätzlicher Wärmeschutz in den oft noch frostigen Frühjahrsnächten. In den Sommermonaten kann es sogar als Schattierung und bei entsprechend enger Maschenweite als Bestäubungsschutz genutzt werden.

Kultur im Topf

Erstaunlich gut wachsen Paprika, Peperoni und Chili im Topf. Gerade wenn der Mutterboden für die Paprika zu schwer oder mit Krankheiten verseucht ist, empfiehlt sich die Topfkultur.
Wählen Sie Töpfe mit einem Fassungsvermögen von 5–20 l, die mit nährstoffreicher Erde gefüllt werden. An einem windgeschützten, sonnigen bis halbschattigen Standort wachsen die Pflanzen deutlich schneller als ihre Artgenossen im Freiland.
Schwarze oder dunkle Töpfe speichern zusätzlich Wärme.

Kultur in Erdsäcken

Relativ neu ist die Kultivierung in Erdsäcken. Auf der Unterseite des Erdsackes werden ein paar Löcher zum Wasserabzug gestochen. Oben werden 2 Kreuzschnitte bei einem 40-l-Sack und 3 bei einem 70-l-Sack geschnitten und die Pflanzen hineingesetzt. Bewährt hat sich diese Methode in Gewächshäusern mit festen Böden und bei der Erzeugung von größeren Erntemengen.

Mistpackung im Frühbeet

Einen entscheidenden Vorteil bringt eine Mistpackung im Frühbeet. Pferdemist wird etwa in 20–30 cm Tiefe in einer spatenbreiten Schicht ausgebracht und mit lockerem Mutterboden bedeckt. Bei seiner Verrottung bildet er Wärme, die den Wurzeln der Paprika sehr willkommen ist.

Sandsteinmauer

Eine Mauer aus Sandsteinen im Hintergrund speichert zusätzliche Tageswärme. Bereits wenige aufeinandergelegte Steine beherbergen viele Nützlinge, z. B. Eidechsen, welche die gefräßigen, kleinen grauen und schwarzen Nacktschnecken fressen.

Pflanzengesundheit

	Symptome	Auswirkungen	Abhilfe
Kümmerwuchs	Wachstumsstopp trotz Düngung	Ernteausfälle, Befall mit Schädlingen und Krankheiten	Temperaturen müssen über 15 °C liegen; vor und während der Fruchtausbildung brauchen die Pflanzen viel Wasser.
Blattverfärbungen	Hellgrün bis gelb verfärbte Blätter	Stickstoff aus älteren Blättern wird wegen Stickstoffmangel in jüngere Blätter verlagert; Wuchsschwäche.	Organischer Flüssigdünger hilft, den Mangel auszugleichen; Flüssigdünger nur bei bedecktem Himmel verabreichen.
Blüten- und Knospenfall	Blüten und kleine Früchte werden abgeworfen.	Verspätete, verringerte Ernte	Staunässe und Trockenheit vermeiden; zur Fruchtbildung regelmäßig gießen; Temperaturschwankungen, Hitzestau und geringe Luftfeuchtigkeit vermeiden.
Verbrennungen	Blätter weisen braune, eingetrocknete Stellen auf; Früchte mit glasig hellbraun verfärbten Schadstellen, teilweise mit schmierigem schwarzem Belag.	Zerstörtes Gewebe dient als Einlasspforte für Pilzkrankheiten.	Jungpflanzen und überwinterte Pflanzen langsam an Sonneneinstrahlung gewöhnen; bei Temperaturen über 35 °C die Pflanzen unbedingt schattieren.
Blütenendfäule	Früchte bekommen an der Spitze und den Seiten glasige weiche Stellen, die braun und matschig werden.	Früchte werden ungenießbar; Schadstellen sind Einlasspforten für Pilzkrankheiten.	Zurückzuführen auf Kalziummangel; Kalzium ist meistens im Boden ausreichend vorhanden, ungünstige Witterung, Stickstoffüberschuss, unregelmäßiges Gießen, schlecht ausgebildetes Wurzelwerk begünstigen den Nährstoffmangel; Kulturführung optimieren.
Virosen			
Rübenkräuselkrankheit	Verkümmerte gekräuselte Blätter, stark gestauchtes Wachstum	Pflanzen und Früchte verkümmern; geringe Ernte; Saatgut ist nicht mehr verwendbar.	Befallene Pflanzenteile sofort verbrennen oder im Hausmüll entsorgen.
Gurkenmosaikvirus	Hellgrüne, lederartige Blätter, verkümmerte Pflanzen	Pflanzen und Früchte verkümmern; geringe Ernte; Saatgut ist nicht mehr verwendbar.	Befallene Pflanzenteile sofort verbrennen oder im Hausmüll entsorgen.
Kartoffel-Y-Virus	Stark verformte Blätter mit Mosaikmuster, dunkelgrüne Blattadern	Pflanzen und Früchte verkümmern; geringe Ernte; Saatgut ist nicht mehr verwendbar.	Befallene Pflanzenteile sofort verbrennen oder im Hausmüll entsorgen.

	Symptome	Auswirkungen	Abhilfe
Tabakmosaikvirus	Vergilbende Blätter mit Mosaikmuster	Pflanzen und Früchte verkümmern; geringe Ernte; Saatgut ist nicht mehr verwendbar.	Befallene Pflanzenteile sofort verbrennen oder im Hausmüll entsorgen.
Pilzkrankheiten			
Umfallkrankheit *(Phoma lingam)*	Nahe am Boden schnürt sich der Stängel von Sämlingen ein, die Pflanzen fallen um; kreisförmige Befallsstellen werden erkennbar.	Der Pilz verhindert die Aufnahme von Wasser und Nährstoffen; befallene Pflanzen sterben ab.	Auftreten häufig bei Jungpflanzenanzucht; vermieden werden sollten: zu dichter Stand, zu wenig Wärme, zu häufiges Gießen, zu grobes und zu tiefes Pikieren; saubere Töpfe, sterile Erde verwenden.
Grauschimmel *(Botrytis cinerea)*	Befallene Pflanzen sind braun verfärbt und mit hellgrauem Pilzrasen überzogen.	Ohne Gegenmaßnahmen breiten sich weitere Pilzkrankheiten aus; die Pflanzen sterben ab.	Befall bei mangelnder Hygiene, zu niedriger Temperatur, zu dunklem, ungelüftetem Standort, zu nasser Witterung; betroffene Pflanzenteile entfernen, verbesserte Wachstumsbedingungen bieten; Pflanzenstärkungsmittel wie Schachtelhalmtee oder Braunalgenextrakte festigen das Gewebe.
Verticillium-Welke	Anfangs welken einzelne Pflanzenteile, später die ganze Pflanze.	Absterben der Pflanze; Erkennen durch schwarzbraun gefärbte Gefäße bei quer aufgeschnittenen Pflanzen.	Pilz überdauert im Boden; häufig ist auch die gekaufte Erde kontaminiert; Anbaupausen von 4 Jahren müssen eingehalten werden.
Schadinsekten			
Läuse	Verkrümmte, verkrüppelte Blattoberflächen und Triebe, teilweise bedeckt mit klebrigem Honigtau	Blätter und Triebe werden befallen; Läuse können auch Virosen übertragen.	Regelmäßige Kontrolle, Besprühen mit Brennnesselbrühe, Schmierseifenlösung (0,2 %); bei rechtzeitiger Behandlung wachsen sich die Schäden aus.
Trauermücken	2–3 mm große schwarze Fliegen auf der Erdoberfläche	Durch Larvenfraß kommt es zur Schädigung der Wurzeln; im Extremfall welken Pflanzenteile.	Einschleppung des Schädlings über gekaufte Erden; Bekämpfung durch Einsatz von Nützlingen *(Steinernema carpocapsae)*.
Schnecken	Fraßstellen an Blättern und Früchten	Der Fraß kann bei starkem Befall bis zum kompletten Welken bzw. zur Vernichtung der Ernte führen.	Absammeln der Schädlinge; Nützlinge im Garten fördern.

Samenernte und Erhalt der Sortenvielfalt

Aufbereitung des Saatguts

Die Saatguternte bei den großen Gemüsepaprika und Peperoni ist einfach:

Die trockenen Samenkörner voll ausgereifter Früchte werden von den Scheidewänden und der Plazenta durch vorsichtiges Abreiben oder Abspülen entfernt und für ein paar Tage auf Tellern getrocknet. Eine große Blockpaprikafrucht kann über 100 Körner enthalten. Dennoch sollte das Saatgut aus verschiedenen Früchten von mehreren Pflanzen entnommen werden, um eine breite genetische Basis der Sorte aufrechtzuerhalten.

TIPP **Oft werden Paprika für die Samenernte zu früh geerntet. Die Körner sind noch sehr hell und vor allem weich, später verfärben sie sich dunkel und sind dann nicht mehr keimfähig. Die Saatgutreife ist oft erst einige Wochen nach der Genussreife abgeschlossen.**

Da sich ihr Geschmack selbst von Früchten einer einzigen Pflanze sehr stark unterscheiden kann, sollten sie stets vor der Saatguternte probiert werden.

Die Samen scharfer Chilisorten sollten mit Handschuhen aus den Früchten entfernt werden, damit das Capsaicin nicht durch unbedachte Bewegungen an Augen, Nase und Mund brennt. Bei der Samenernte leisten eine Pinzette und ein Küchenmesser gute Dienste.

Sorgfalt bei der Saatguternte

Die Körner sind fest und cremeweiß, eher goldgelb, bis hellbraun gefärbt. Ausnahme sind die Baumchili der Art *Capsicum pubescens* mit braunschwarzen Körnern. Die Samen dürfen sich nicht mehr eindrücken lassen. Dunkle Punkte können auf eine harmlose Pigmentierung hinweisen, oft steckt aber ein Pilzbefall dahinter. Sie sollten vorsichtshalber entfernt werden. Dünne grau-braun gesprenkelte oder sehr unterentwickelte kleine Körner sollte man spätestens nach dem Trocknen aussortieren. Diese Sorgfalt macht sich bei der Lagerung und erst recht beim Anbau der Pflanzen bezahlt.

Archivierung des Saatguts

In den großen Genbanken ruhen tiefgefroren weltweit die botanischen und kulturellen Schätze der einzelnen Länder und sind damit für viele Jahrzehnte haltbar.

Für den Hausgebrauch werden weniger Sorten in kürzeren Abständen neu angebaut. Sie brauchen deshalb nur für ein paar Jahre archiviert zu werden. Allerdings sollte man immer eine doppelte Menge an Reserve zurücklegen. Eine geschätzte Sorte kann wegen schlechter Witterung oder Schädlingsbefall ausfallen.

- Das Saatgut hält sich in beschrifteten Papiertüten jahrelang bei Zimmertemperatur.
- Mehrere Tausend Samen finden in einer handlichen Fotobox oder in einem Schuhkarton Platz. Einheitliche DIN-A6-Briefumschläge passen optimal in diese Schachteln und lassen sich gut beschriften.
- Für die Archivierung ist eine genaue Beschriftung mit Sortennamen, Herkunft, Erntezeitpunkt und sonstigen Angaben zu den markantesten Eigenschaften wie Fruchtform oder Schärfe wichtig. Informativ sind zusätzliche Angaben über den Anbauort bei Reisemitbringseln oder die klimatischen Verhältnisse im Anbaujahr.
- Bei einer fortgeschrittenen und ausgeprägten Sammelleidenschaft ist eine alphabetische Sortierung sehr hilfreich.
- Die Lagerung in Filmdosen oder Gläsern ist relativ schädlingssicher. Zu feuchtes Saatgut kann in den dicht schließenden Behältnissen allerdings schnell schimmeln.
- Die Beigabe von Silikagel ist für den Feuchtigkeitsentzug wichtig. Kleine Papiertüten mit Silikagel findet man häufig bei neu gekauften Schuhen. Es kann aber auch über den Internethandel bezogen werden.

Wichtiges zu Nachbau und Erhaltung

Anders als beim Anbau für die Verwertung sollten beim Anbau zur Samengewinnung mindestens 10–20 Pflanzen einer Sorte gepflanzt werden. Zum einen ist die genetische Vielfalt größer und zum anderen können durch die größere Anzahl die Einzelpflanzen besser beobachtet und beurteilt werden. Insgesamt werden weniger neue Früchte ausgebildet, da die Pflanzen die Kraft in die Ausbildung ihrer Nachkommen legen.

Gesunde Pflanzen

Gutes, keimfähiges Saatgut kann nur von gesunden, kräftigen Mutterpflanzen gewonnen werden. Für Paprika sind jedoch nicht alle Standortbedingungen optimal, was sich im Wuchs, im Ertrag, im Geschmack und natürlich in einer schlechteren Saatgutqualität bemerkbar macht. Die Körner von gesunden, kräftigen Pflanzen sind oft bis zu einem Drittel größer und haben eine höhere Keimrate.

Sortenreinheit

In der Geschichte der Nutzpflanzen ist es überaus erstaunlich, dass in den einzelnen Privatgärten mehrere Dutzend Sorten einer Art aus aller Welt gedeihen. Allerdings entstehen in den Anfangsjahren einer Pflanzenleidenschaft nicht selten Sortenmischungen, weil die Anbauer die starke Verkreuzungsfreudigkeit der Paprikagewächse zunächst unterschätzen.

Gedeihen mehrere Sorten im Garten, werden bei der Blütenbestäubung die Gene für die unterschiedlichsten Eigenschaften wie Farbe, Form und Schärfe bei den Samenanlagen für die Nachkommen durchmischt. Bereits eine Handvoll unterschiedlicher Sorten bringt unzählige Kombi-

Nur von gesunden Pflanzen sollte Saatgut genommen werden.

nationsmöglichkeiten hervor. Leider verringern sich meistens die positiven Eigenschaften wie Aroma, Schärfe, Ertrag oder Fruchtgröße der ursprünglichen Sorten und das Ergebnis dieser unfreiwilligen Mischungen ist selten befriedigend. Von wirklich vielversprechenden, aber zufällig entstandenen Neulingen sind die Elternpflanzen oft unbekannt.

TIPP **Achten Sie auf unterschiedlich große Samenkörner. Sie weisen auf eine ungünstige Verkreuzung hin.**

Schutz vor Fremdbestäubung

Wer seine eigenen Paprikasorten dauerhaft erhalten und nachziehen möchte, sollte deshalb mindestens einen Abstand von 200 m zwischen den verschiedenen Sorten einhalten. Da in vielen Hausgärten nicht so viel Platz ist, bietet sich der Anbau in Isoliertunneln an, um die Sorten rein zu halten. Hier sind die Pflanzen durch engmaschige Netze vor Fremdbestäubung durch Insekten geschützt. Erhaltungsorganisationen wie Arche Noah in Österreich und Züchter bauen auf diese Weise Dutzende von Sorten ohne unerwünschte Verkreuzungen an. In den Tunneln werden natürlich auch andere Gemüsearten wie Gurken, Bohnen oder Auberginen angebaut, damit der Platz und die Mühe optimal ausgenutzt werden. Die Isoliertunnel können zu Beginn der Kultur als hohes Frühbeet zur Pflanzenanzucht genutzt werden. Luxuriös sind begehbare Tunnel, die durch Reißverschlüsse oder Türen verschlossen werden. Einzelne Pflanzen oder deren Blüten lassen sich durch Vliessäckchen oder alternativ mit Nylonstrümpfen vor Fremdbestäubung schützen.

Die blauen Paprikablüten sind sehr attraktiv.

Bestäubung im Isoliertunnel

Im Isoliertunnel sind die Pflanzen auch gegenüber nützlichen Insekten ausgegrenzt. Um die Bestäubung zu gewährleisten, kann man aber Mauerbienen einsetzen. Sie leben im Gegensatz zu anderen Bienenarten in einem begrenzten Umfeld und kommen als einzeln lebende Individuen sehr gut zurecht. Die Gefangenschaft in einem begrenzten Lebensraum macht diesen solitär lebenden Bienen daher nichts aus.

Sie sind praktischerweise im Frühsommer zur Blütezeit der Gemüsekulturen aktiv. Im Hochsommer legen die Bienen ihre Eier in hohle Pflanzenstängel. Mit einer Ansammlung von hohlen Bambusstäben oder Gehölzzweigen überwintern die Insekteneier bis zum Ausschlüpfen im Frühjahr auch im Kühlschrank. Im Frühjahr werden die natürlichen Nistkästen auf eine 1 m hohe Stellage in die Isoliertunnel gelegt. Mauerbienen können von Nützlingszuchtfirmen bezogen werden.

Sorten erhalten und weiterentwickeln

In der Natur ist die immense Vielfalt überlebensnotwendig, damit die einzelnen Arten sich verändernden Lebensumständen anpassen können. Im Lauf der Zeit entwickelt sich aus der probierten Sortenfülle automatisch eine persönliche Auslese.

Deshalb werden unter Züchtern und Erhaltern nur die gesündesten, robustesten Pflanzen mit wohlschmeckenden Früchten, dem frühsten und höchsten Ertrag für die Saatgutvermehrung selektiert.

Die wichtigsten Auslesekriterien sind:

- ein guter Geschmack
- eine frühe, gute und lange anhaltende Ernte
- dickwandige, leicht zu verarbeitende Früchte
- gesunde und robuste Pflanzen
- Sortenechtheit
- kompakter Wuchs

Gut gewappnet

Wer an die Witterungsverhältnisse angepasste Sorten anbaut und sowohl kältevertägliche als auch wärmeliebende Paprika in seinem Garten kultiviert, wird auf diese Weise Ernteausfälle mindern.

Warum die Vielfalt erhalten?

In den letzten 5–6 Jahren sind weltweit zunehmend alte regionale Land- und Hofsorten zugunsten monopolisierter Einheitssorten von unseren Äckern und aus unseren Gärten verschwunden. Lange Zeit war es Mode, statt der arbeitsintensiven Nutzgärten mehr oder weniger aufwändige Zierflächen anzulegen. Exotische Obst- und Gemüsearten aus den Supermärkten lösten die bunte Vielfalt der Hausgärten ab. Das wertvolle Pflanzenwissen und die Erfahrungen vieler Generationen gingen mit den alten Sorten ebenfalls verloren.

Die vielen regional angepassten Landsorten sind bewährte Kulturgüter und perfekt an ihre Standortbedingungen wie lokales Klima angepasst. Sie können nicht einfach beliebig wieder hergestellt werden, weil uns die genaue Kenntnis ihrer Eigenschaften und die Wechselwirkung zu ihrer Umwelt nicht (mehr) bekannt sind.

Viele versteckte und nützliche Eigenschaften

Abgesehen von ihren äußeren Eigenschaften haben Pflanzen in Form ihres genetischen Bauplans weitaus mehr innere Werte. Viele Eigenschaften bleiben lange unentdeckt, weil sie vielleicht gar nicht benötigt werden. Bei veränderten Bedingungen durch beispielsweise eine Epidemie von Schädlingen werden die lange ungenutzten Informationen aber plötzlich wichtig.

Im Isoliertunnel ist eine sortenreine Nachzucht gewährleistet.

Die besten Arten und Sorten im Porträt

Die Beobachtungen, die die Grundlage der Sortenbeschreibungen sind, beziehen sich auf Standorte von biologisch angebauten Freiland- und Topfpflanzen in weitgehend milden Klimaten Deutschlands und Österreichs. In dem wettermäßig sehr ungünstigen Jahr 2010 sind diese Paprika- und Chilisorten durch ihr Aroma, ihr attraktives Aussehen und/oder ihre Robustheit positiv aufgefallen. Anbaubedingt und natürlich klimabedingt können sich die Angaben über Erntezeitpunkt und Pflanzenhöhe verschieben. Einige der aufgezählten Varietäten werden nur in bestimmten Regionen oder Erhaltungsgärten kultiviert. Sie haben keinen Sortennamen, sondern eine Arbeitsbezeichnung und sind mit einem * markiert. Für Verwirrung sorgen auch die unterschiedlichen Bezeichnungen der verschiedenen Anbieter.

Auf die normalerweise üblichen Sortenzeichen wird in diesem Kapitel verzichtet.

Alphabetisches Verzeichnis der Sorten und Arbeitsbezeichnungen

Capsicum annuum

ANAHEIM

Wuchs: 50–80 cm im Topf, eher schmale, buschige Form
Frucht: 10–15 cm lang, von Grün zu Rot bis Dunkelrot abreifend, dickwandig
Schärfegrad: 2–4
Geschmack: frisch, würzig, mild bis mäßig scharf, sehr angenehme Schärfe
Ernte: mittelspät, 80–100 Tage, guter Ertrag im Topf
Verwendung: frisch, zum Grillen, Füllen, Einlegen, für Soßen, gut zum Einfrieren
Besonderheiten: Die Sorte kommt aus Anaheim in Kalifornien. Sie ist relativ robust.

Antalya Dan

ANTALYA DAN

Wuchs: 80–150 cm im Topf und Freiland, breite, buschige Form, die Pflanzen müssen gestützt werden
Frucht: 15 cm lange, schmale rote Frucht, relativ dünnwandig
Schärfegrad: 0
Geschmack: frisch, süß, würzige Gemüsepaprika
Ernte: mittelfrüh, 60–80 Tage, guter Ertrag im Topf und Freiland
Verwendung: frisch, zum Grillen, Füllen, Einlegen, für Soßen, gut zum Trocknen
Besonderheiten: eine robuste Sorte aus der Türkei.

APFELPAPRIKA*, verschiedene Sorten

Wuchs: niedrige, buschige Form
Frucht: kugelige, 5–8 cm große Gemüsepaprika mit leichter Spitze, dickwandig über 5 mm, von Hellgelb über Orange zu Rot abreifend
Schärfegrad: 0–3
Geschmack: frische, würzige, leicht scharfe Gemüsepaprika, beim Garen oder Einlegen geht die Schärfe zurück
Ernte: früh, guter Ertrag, im Freiland nach 55–60 Tagen
Verwendung: frisch, mit Frischkäse aufs Brot, für Salate, zum Grillen, Füllen, Einlegen, für Soßen, gut zum Einfrieren
Besonderheiten: Viele robuste und anbauwürdige Sorten verbergen sich hinter dem Namen Apfelpaprika, wie die pikant würzige platzfeste Sorte Mustafa.

Appelsweet pimiento

Wuchs: 140 cm im Topf, straff aufrechte Form
Frucht: 5 cm breite und 10–15 cm lange, spitze Gemüsepaprika, relativ dickwandig, von Grün zu Rot abreifend
Schärfegrad: 0
Geschmack: sehr süß, intensiv fruchtig, würzig
Ernte: früh, nach 60–70 Tagen, guter Ertrag im Freiland
Verwendung: frisch, für Salate, zum Grillen, Füllen, Einlegen, für Soßen, gut zum Einfrieren
Besonderheiten: Die Früchte haben ein sehr gutes, fruchtiges Aroma und sind sehr saftig. Am besten verzehrt man sie roh.

Apfelpaprika

Auch*

Wuchs: 80 cm im Topf, straff aufrechte Form
Frucht: 1–2 cm breite und 15–30 cm lange, teilweise spiralig gebogene, hängende Peperoni, relativ dünnwandig, 2–3 mm, von Grün zu Rot abreifend
Schärfegrad: 1
Geschmack: fruchtig, mild würziger Geschmack, auch im grünen Zustand
Ernte: früh, guter Ertrag im Freiland und Topf
Verwendung: frisch, zum Einlegen, für Soßen und warme Gerichte, gut zum Trocknen
Besonderheiten: Eine robuste Pflanze aus dem französischen Department Auch.

Auch

Baldog

Wuchs: 80 cm im Topf, straff aufrechte Form
Frucht: 1–2 cm breite und 10–15 cm lange, spitze Peperoni, relativ dünnwandig (2–3 mm), von Grün zu Rot abreifend
Schärfegrad: 0–3, scharf im Bereich der Samen
Geschmack: etwas süß, würzig, wenig saftig, sehr gutes Aroma
Ernte: früh, guter Ertrag
Verwendung: frisch, zum Grillen, Füllen, Einlegen, für Soßen, Paprikapulver, gut zum Trocknen
Besonderheiten: Die Früchte halten sich lange frisch. Die robuste Pflanze hat relativ viel Trockensubstanz und liefert u. a. den bekannten Rosenpaprika.

Baldog

Black Beauty

Wuchs: 40–60 cm im Topf, aufrechte Form, mit wunderschönen lila Blüten, dunkelviolettes Laub, fast schwarze Stiele
Frucht: 1–2 cm runde, lang gestielte Zierchili, von glänzendem Schwarz zu Korallenrot abreifend
Schärfegrad: 6
Geschmack: würzig, scharf, leicht saftig
Ernte: mittelfrüh, nach 60–65 Tagen
Verwendung: gut zum Trocknen, kann ersatzweise als scharfes Gewürzpulver verwendet werden
Besonderheiten: Eine attraktive Zierpflanze für den Topf, die sich gut mit panaschierten oder hellgrünblättrigen Sorten kombinieren lässt.

Black Beauty

Bolivian Rainbow

Black Namaqualand

Wuchs: 60–80 cm im Topf, aufrechte Form, mit wunderschönen lila Blüten, grünviolettes Laub
Frucht: 2–3 cm, ovale, lang gestielte, zapfenförmig nach oben stehende Zierchili, von glänzendem Schwarz zu Dunkel- bis Hellrot abreifend
Schärfegrad: 7
Geschmack: scharf
Ernte: mittelfrüh, nach 60–65 Tagen
Verwendung: getrocknet als Gewürz, Paprikapulver, Zierpflanze, gut zum Trocknen
Besonderheiten: Die schöne dunkellaubige Zierpflanze für den Topf kommt aus dem Namaqualand (Südafrika).

Bolivian Rainbow

Wuchs: 30–50 cm im Topf, aufrechte, kompakte Form, wunderschöne helllila Blüten, dunkelviolettes oder grünes Laub
Frucht: 2–4 cm stumpfkegelige Chili, von Hellgelb, Altrosa, Hellviolett, Dunkelviolett zu Orangerot abreifend, im Verhältnis zur Fruchtgröße mit fast 2 mm dickwandig
Schärfegrad: 5–6
Geschmack: scharf
Ernte: früh, guter Ertrag nach 50–60 Tagen
Verwendung: Zierpflanze, lässt sich gut einfrieren und trocknen
Besonderheiten: Eine attraktive Zierpflanze für den Topf, die gut in hellen Räumen gedeiht.

Buran, Bujan

Wuchs: 30–50 cm im Topf, im Freiland etwas höher, aufrechte, buschige, kompakte Form, muss wegen der schweren Früchte gestäbt werden
Frucht: 8–12 cm lange und 5–7 cm breite, sich nach unten verjüngende, dickwandige Blockpaprika, von Grün zu Hellrot bis Dunkelrot abreifend
Schärfegrad: 0
Geschmack: sehr aromatisch, frisch, saftig, fruchtig, süß, würzig
Ernte: mittelfrüh, nach 60–70 Tagen, für warme Lagen, grünorange geerntete Früchte reifen gut nach
Verwendung: frisch, zum Grillen, Füllen, Einlegen, für Soßen, gut zum Einfrieren

Buran

Chili, dunkelviolett

Besonderheiten: Buran hat eine gute Freilandeignung.

Bulgarian*, bulgarischer Paprika*

Wuchs: 40–60 cm, im Freiland etwas höher, aufrechte, buschige, kompakte Form, muss wegen der schweren Früchte gestäbt werden
Frucht: 8–12 cm lange und 5–7 cm breite, mitteldickwandige Blockpaprika, von Grün zu Hellrot bis Dunkelrot abreifend
Schärfegrad: 0
Geschmack: sehr aromatisch, fruchtig, süß, würzig
Ernte: mittelspät, guter Ertrag, grünorange geerntete Früchte reifen gut nach
Verwendung: frisch, zum Grillen, Füllen, Einlegen, für Soßen, lässt sich gut einfrieren
Besonderheiten: gute Freilandeignung

Chili, dunkelviolett*

Wuchs: 20–30 cm im Topf, buschige, aufrechte Form, weiße Blüten mit lila Pollen, dunkelgrünes Laub
Frucht: 4–6 cm dünne, fingerartige, aufrecht stehende Chili, von Hellgelb, Orange, Violett zu Rot abreifend
Schärfegrad: 6
Geschmack: scharf
Ernte: mittelfrüh, guter Ertrag
Verwendung: Zierpflanze
Besonderheiten: Die attraktive Zierpflanze für den Topf schmückt sich mit reichem Fruchtbehang und einem leuchtenden Farbenspiel.

Chocolate Beauty

Wuchs: 40–50 cm im Topf, sehr kompakte, buschige Form, sollte wegen der schweren Früchte gestäbt werden
Frucht: 10–15 cm lange und halb so breite Blockpaprika, dickwandig, die Genussreife beginnt mit der schokobraunen Ausfärbung der Früchte, später verfärben sich diese leicht rotbraun.
Schärfegrad: 0
Geschmack: fruchtig, süß, knackig, frisch, Haltbarkeit bis zu 2 Wochen
Ernte: früh, guter Ertrag im Topf und Freiland nach 60 Tagen
Verwendung: frisch, zum Grillen, Füllen, Einlegen, für Soßen, lässt sich gut einfrieren
Besonderheiten: Ideale Naschfrucht, passend zur schönen Fruchtschale hebt sich das orangerote, bis zu 5 mm dicke Fruchtfleisch ab.

Cornetto

Wuchs: 50–70 cm hoch im Topf, im Freiland bis etwa 80 cm
Frucht: spitz zulaufende, von Grün zu Rot abreifende, 10–15 cm lange Gemüsepaprika
Schärfegrad: 0
Geschmack: fruchtig, frisch, süß
Ernte: früh, guter Ertrag im Topf und im Freiland nach 60–70 Tagen
Verwendung: frisch, zum Grillen, Füllen, Einlegen, für Soßen, gut zum Einfrieren
Besonderheiten: Cornetto ist eine robuste Lokalsorte aus dem Kosovo.

Cornetto

Cubanella

Cubanella

Wuchs: 50–80 cm im Topf, im Freiland bis etwa 80 cm, sollte gestäbt werden
Frucht: spitz zulaufende, von Grün, Orange auf Rot abreifende, 10–20 cm lange Gemüsepaprika
Schärfegrad: 0
Geschmack: fruchtig, frisch, würzig, leicht süß
Ernte: früh, guter Ertrag, lange Erntezeit im Topf und im Freiland
Verwendung: frisch, zum Grillen, Füllen, Einlegen, für Soßen, lässt sich gut einfrieren
Besonderheiten: Eine aus Italien stammende robuste Sorte, ähnlich, aber etwas schärfer ist die häufig angebotene Handelssorte Westlandia.

De Cayenne (Cayenne, Cayennepfeffer)

Wuchs: 80–150 cm im Topf, im Freiland höher und breiter, buschige Form
Frucht: 1–2 cm breite und 10–15 cm lange, spitze, gebogene Peperoni, von Grün zu Rot abreifend, dünnwandig, relativ trocken, die Sorte Cayenne Thick bildet relativ große gebogene Peperoni, die nahe Verwandte De Cayenne ist schlanker und 8–10 cm lang.
Schärfegrad: 5–8
Geschmack: würzig, wenig saftig, getrocknet rauchiger, bitterer Geschmack
Ernte: früh, guter Ertrag, nach 60–65 Tagen
Verwendung: selten frisch, eher getrocknet als Flocken oder als Pulver
Besonderheiten: Der klassische Cayennepfeffer mit herb-bitterer Note.

Croccanti Rossi

Wuchs: 80 cm im Topf, buschige Form
Frucht: 1–2 cm breite und 8–12 cm lange Peperoni, von Grün zu Rot abreifend
Schärfegrad: 1
Geschmack: süß aromatisch, mild
Ernte: früh, guter Ertrag
Verwendung: frisch, zum Grillen, Füllen, Einlegen, für Soßen, gut zum Trocknen
Besonderheiten: reiche, frühe Ernte, süßer Geschmack

Cayenneformen

Es gibt unterschiedliche Cayenneformen mit Fruchtgrößen von 5–12 cm, viele sind stark gebogen. Cayenne ist eine alte Züchtung aus der vorkolumbianischen Zeit, die bereits durch die europäischen Eroberer früh nach Afrika und Asien sowie Europa gebracht und an den unterschiedlichen Standorten entwickelt wurde.

Domaca Paradejz Paprika*

Wuchs: 50–70 cm hoch, buschige, kompakte Form

Frucht: flachkugelige, 6–10 cm große Apfelpaprika mit leichter Spitze, sehr dickwandig, von Hellgelb über Orange zu Rot abreifend

Schärfegrad: 1

Geschmack: frisch, würzig, etwas scharf

Ernte: früh bis mittelfrüh, guter Ertrag, nach 55–65 Tagen im Freiland

Verwendung: zum Füllen, Einlegen, für Soßen, gut zum Einfrieren

Besonderheiten: Eine Freilandpaprika aus Ungarn, die sich schon hellgelb gut verwerten lässt.

Domaca Paradejz Paprika*

Dulce Italiano

Wuchs: 80 cm im Topf, im Freiland bis etwa 120 cm, sollte gestäbt und mehrtriebig gezogen werden, Gewächshauskultur

Frucht: spitz zulaufende, von Grün auf Rot abreifende, 15–30 cm lange, 4–6 cm breite, dünnwandige, teilweise gebogene Gemüsepaprika

Schärfegrad: 0

Geschmack: sehr süß, fruchtig, würzig, schmeckt am besten, wenn die Früchte erste rote Farbumschläge bilden

Ernte: spät, guter Ertrag nach 80–100 Tagen

Verwendung: am besten frisch, für Soßen, warme Gerichte, lässt sich gut einfrieren

Besonderheiten: Der Geschmack der Früchte ist süß und sehr gut.

Dulce Italiano

Elefant, Vesena

Wuchs: 60–80 cm im Topf, im Freiland bis etwa 100 cm, breite, buschige Form

Frucht: bis zu 30 cm lange, rote Peperoni mit charakteristischen hellbraunen waagerechten Korkleisten auf der Schale, dickwandig

Schärfegrad: 0–5

Geschmack: fruchtig, süß, würzig, sehr aromatisch, saftig, teilweise scharf

Ernte: früh, guter, lang anhaltender Ertrag im Topf und im Freiland nach etwa 70 Tagen

Verwendung: frisch, zum Grillen, Füllen, Einlegen, für Soßen

Elefant

Besonderheiten: Die mazedonische Lokalsorte wird in Österreich weitergezüchtet. Das mazedonische Wort „vesena" bedeutet „bestickt" und nimmt Bezug auf die strichartigen Verkorkungen (Korkleisten) auf der Schale.

Espelette

Wuchs: bis 200 cm im Topf, hohe, straff aufrechte Form
Frucht: 3 cm breite und 6–10 cm lange, rote Peperoni, von Grün zu Rot abreifend
Schärfegrad: 4
Geschmack: holzig, frisch, fruchtig bis rauchig, mild würzig, aber anhaltende Schärfe
Ertrag: mittelfrüh, guter Ertrag nach 70 Tagen im Freiland
Verwendung: frisch, zum Einlegen, für Gewürzpulver, zum Einfrieren und Trocknen
Besonderheiten: Eine bekannte Lokalsorte aus dem französischen Baskenland.

Feher

Wuchs: 40–60 cm, buschige Form, sehr robust, im Freiland bis 1 m
Frucht: 8–15 cm lang und 5–7 cm breite, hellgrün-gelbe, dickwandige, kegelige Gemüsepaprika, reift orangerot ab, einige Früchte sind schmaler und haben violette Streifen
Schärfegrad: 0
Geschmack: frisch, mild würzig

Fish Pepper

Ernte: früh, sehr guter Ertrag nach 50–55 Tagen im Freiland, trägt ebenso gut im Topf und im Gewächshaus
Verwendung: für Soßen wie Ajvar und zum Einlegen
Besonderheiten: Eine robuste, witterungstolerante Freilandpaprika aus Ungarn, eine der besten und unproblematischsten Sorten.

Ferenc Tender

Wuchs: 40–60 cm im Topf, im Freiland bis zu 1 m, buschige, stämmige Form, robust
Frucht: 7–10 cm lange, 3–5 cm breite, hellgrüngelbe, über Orange zu Rot abreifende, dickwandige, saftige Spitzpaprika
Schärfegrad: 0
Geschmack: frisch, süß, mild würzig
Ernte: sehr früh, guter Ertrag im Freiland nach 50–60 Tagen, trägt gut im Topf
Verwendung: frisch, zum Grillen, Füllen, Einlegen, für Soßen
Besonderheiten: Eine robuste, ertragreiche Freilandpaprika aus Österreich, die auch gut bei ungünstiger Witterung trägt.

Fish pepper

Wuchs: 70–100 cm im Topf, buschig, grün-weiß panaschierte Blätter, einige reife Früchte haben hellere Streifen
Frucht: 5–7 cm, längliche, hellgelbe, über Orangerot abreifende, glatte Chili mit Spitze, glatte Oberfläche, hängende Früchte, teilweise sind die Kelche und die unreifen Früchte grün-weiß gestreift
Schärfegrad: 3–5
Geschmack: sehr fruchtig, aromatisch, leicht süß, scharf
Ernte: mittelfrüh, guter Ertrag im Topf nach 80 Tagen
Verwendung: frisch als fruchtiges Gewürz, gut zum Grillen und Einlegen, zu mildscharfen Fischsoßen
Besonderheiten: Pflanze und Früchte sind sehr dekorativ. Die Sorte entstand 1900 in Philadelphia und ist dort Bestandteil von Soßen für Fischgerichte.

Fogo

Wuchs: 40–60 cm im Topf, buschige Form
Frucht: bis 1 cm dünne und 10–15 cm lange, etwas gebogene, leuchtend orangefarbene Peperoni, reift von Grün zu Orangerot ab
Schärfegrad: 5
Geschmack: fruchtig, scharf würzig
Ernte: mittelfrüh, guter Ertrag nach 70–80 Tagen
Verwendung: getrocknet als Gewürzpulver, gut zum Trocknen und Einlegen
Besonderheiten: Durch die leuchtenden Früchte und den kompakten Wuchs ist die Pflanze sehr dekorativ.

Fogo

Gelbe Peperoni

Wuchs: 40 cm im Topf, buschige Form
Frucht: nur knapp 1 cm dünne und 5–8 cm lange, leuchtend gelbe Peperoni, von Grün zu Gelb abreifend, relativ trocken, geriffelte (gewellte) Oberfläche
Schärfegrad: 1
Geschmack: mild würzig, wenig saftig, aber fruchtig, leicht süß
Ernte: früh, guter Ertrag nach 60 Tagen
Verwendung: frisch, zum Einlegen, für warme Gerichte
Besonderheiten: Gelbe Peperoni ist eine sehr dekorativ Pflanze, die sich für die Topfbepflanzung gut eignet.

Gelbe Peperoni

Golden Cayenne

Wuchs: 40–60 cm im Topf, buschige Form
Frucht: nur knapp 1 cm dünne und 8–15 cm lange, leuchtend gelbe Peperoni, von Grün zu Gelb abreifend, relativ trocken
Schärfegrad: 5
Geschmack: würzig, wenig saftig, getrocknet rauchiger Geschmack, nicht ganz so scharf wie die roten Früchte von Cayenne
Ernte: früh, guter Ertrag nach 60–70 Tagen
Verwendung: selten frisch, eher getrocknet als Flocken, gelbbraunes Cayennepulver
Besonderheiten: Gold Cayenne besticht durch eine sehr schöne Farbe. Sie ist durch ihre hohe Zierwirkung ideal für den Anbau im Topf geeignet.

Cayenne Joe Long

Golden Treasure

Wuchs: 80–120 cm im Topf, etwas sparrige Form, gut für Freiland geeignet, hellgrünes Laub
Frucht: bis 30 cm lange und 5–7 cm breite, gedrückte, gelborange Gemüsepaprika, relativ dünnwandig, aber saftig
Schärfegrad: 0
Geschmack: süß, würzig, sehr aromatisch
Ernte: mittelspät, guter Ertrag nach 75 Tagen, ertragreich im Gewächshaus
Verwendung: frisch, für Salate, Soßen, gut zum Einfrieren
Besonderheiten: Aus Italien stammende Sorte, die frisch besonders lecker ist.

Italienische Peperonie, türkische Pfefferoni

Wuchs: 50–70 cm im Topf, straff aufrechte Form
Frucht: 1–2 cm breite und 15–25 cm lange, spitze, gebogene, saftige Peperoni, von Grün zu Orangerot abreifend
Schärfegrad: 0–3
Geschmack: sehr süß, würzig
Ernte: mittelfrüh, nach 60–75 Tagen im Freiland und im Topf
Verwendung: frisch in Salaten, zum Einlegen, Füllen, Grillen, für Soßen und vor allem auf Pizza
Besonderheiten: Diese Form findet man häufig in der italienischen Küche auf Pizza und im Salat, frische, meist grüne Früchte gibt es in türkischen Lebensmittelläden.

Jalapeno TAM

Wuchs: 80 cm im Topf, bis 120 cm ausgepflanzt im Gewächshaus
Frucht: sehr dickfleischige, 2–3 cm breite und 5–7 cm lange, walzenförmige Chili mit abgerundeter Spitze, saftig, reift von Dunkelgrün zu Rot, hat oft kleine Längsrisse, sogenannte Korkleisten, in der Schale
Schärfegrad: 3 (im Vergleich: Jalapeno Early hat 5)
Geschmack: mild pikant, würzig, fruchtig, rote Exemplare sind recht süß und viel aromatischer als grüne
Ernte: früh, sortenbedingt nach 50–75 Tagen, sehr ertragreich
Verwendung: frisch, für Soßen, gut zum Einlegen und Einfrieren, Räuchern (Chipotle morita)
Besonderheiten: Jalapeno hat ein gutes Aroma und eignet sich für Gewächshaus und Topf.

Jimmy Nadellos

Wuchs: 50–70 cm im Topf, straff aufrechte Form
Frucht: 1–2 cm breite und 15–20 cm lange, spitze, gebogene Peperoni, relativ dünnwandig, 2–3 mm, von Grün zu Rot abreifend
Schärfegrad: 0
Geschmack: sehr süß, würzig
Ernte: mittelfrüh, guter Ertrag auch im Topf
Verwendung: frisch, zum Trocknen geeignet
Besonderheiten: dünnwandige Peperoni mit hohem Ertrag und süßem Geschmack

Jalapeno TAM

Jimmy Nadellos

Joe Long

Wuchs: 100–170 cm im Topf, straff aufrechte Form
Frucht: 1–2 cm breite und 15–25 cm lange, spitze, teilweise spiralig gebogene Peperoni, relativ dünnwandig (2–3 mm), von Dunkelgrün zu Rot abreifend, geriffelte (gewellte) Oberfläche
Schärfegrad: 7–8
Geschmack: würziges, rauchiges Cayenne-Aroma
Ernte: mittelfrüh, guter Ertrag nach 70 Tagen, sehr gut im Topf
Verwendung: frisch, für Flocken oder Pulver, gut zum Trocknen
Besonderheiten: Eine Sorte aus Kalabrien mit sehr langer Erntezeit und vielen Früchten.

Korosko

Wuchs: 80 cm im Topf, im Freiland deutlich höher, straff aufrechte Form
Frucht: 5 cm breite und 10–15 cm lange, spitze Gemüsepaprika, von Grün zu Rot abreifend, sehr gleichförmige, ebenmäßige Früchte
Schärfegrad: 0
Ernte: mittelfrüh, nach 65–75 Tagen, lang anhaltende und sehr gute Ernte vor allem im Freiland
Geschmack: frisch, fruchtig, süß, würzig
Verwendung: frisch, zum Grillen, Füllen, Einlegen, für Soßen, gut zum Einfrieren
Besonderheiten: Eine robuste Sorte aus Österreich mit gutem Aroma.

Medusa

Wuchs: 10–15 cm im Topf, buschige, kompakte Form
Frucht: bis 0,5 cm dünne und 4–7 cm lange, gebogene Peperoni, von Grün, Gelborange nach Rot abreifend
Schärfegrad: 0
Geschmack: mild würzige Ziersorte ohne Schärfe
Ernte: früh, guter Ertrag nach 50–55 Tagen
Verwendung: eingelegt, frisch oder getrocknet als Gewürz, filigrane Zierpflanze, gut zum Trocknen
Besonderheiten: Die dekorative Topfpflanze ähnelt der Sorte Riot.

Medusa

Masquerade

Wuchs: 20–30 cm im Topf, buschige, kompakte Form
Frucht: bis 1 cm dünne und 4–7 cm lange, etwas gebogene Peperoni, von Grün, Dunkelrosa, Violett zu Dunkelrot abreifend
Schärfegrad: 8
Geschmack: fruchtig, würzig scharf
Ernte: mittelfrüh, guter Ertrag
Verwendung: gut zum Einlegen, als Gewürz, Zierpflanze
Besonderheiten: Masquerade ist eine dekorative Topfpflanze.

Masquerade

Milder Spiral

Wuchs: 30–40 cm im Topf, buschige, kompakte Form

Frucht: bis 1 cm dünne und 10–20 cm lange, etwas gebogene Peperoni, von Grün zu Rot abreifend

Schärfegrad: 0–3

Geschmack: fruchtig, würzig, teilweise etwas scharf

Ernte: frühe Ernte der grünen Peperoni, nach 60–70 Tagen, brauchen lange, bis sie rot werden

Verwendung: frisch, zum Grillen, Füllen, Einlegen, Trocknen und Einfrieren

Besonderheiten: Milder Spiral ist eine ertragreiche, robuste Freilandpeperoni.

Miniblockpaprika in Gelb, Braun, Rot*

Wuchs: 40–60 cm im Topf, buschige Form

Frucht: 3–6 cm rundliche, flachrunde oder breitkegelige Miniaturpaprika in Gelb, Braun oder Rot, dickfleischig, relativ saftig, innerhalb der einzelnen Sorten variieren die Pflanzen mit kleineren, breitkegeligen oder Tomatenpaprika ähnlichen Früchten

Schärfegrad: 0

Geschmack: sehr fruchtig, saftig, süß

Ernte: mittelfrüh, guter Ertrag, lange haltbare Früchte

Verwendung: frisch, für Salate, zum Grillen, Füllen, Einlegen, für Soßen

Besonderheiten: Eine ideale Naschpaprika, die nicht nur bei Kindern sehr beliebt ist; zum Verarbeiten viel zu schade.

Neusiedler Ideal Elite

Wuchs: 40–60 cm im Topf, kompakte, buschige Form, sollte aufgrund ihrer großen Früchte gestützt werden

Frucht: 5–7 cm breite, 10–15 cm lange, dickwandige Blockpaprika, von Hellgrün, Hellgelb auf Rot abreifend

Schärfegrad: 0

Geschmack: fruchtig, würzig

Ernte: mittelfrüh, guter Ertrag auch im Freiland und Topf, lange haltbare Früchte

Verwendung: frisch, eingelegt, zum Füllen, für warme Gerichte, Soßen, gut zum Einfrieren

Besonderheiten: Eine robuste Freilandsorte aus Österreich, ist etwas robuster als die bekannte Gewächshaussorte Yolo Wonder.

Nocera Rosso

Wuchs: 60–100 cm im Topf, kompakte, buschige Form, sollte aufgrund ihrer großen Früchte gestützt werden

Frucht: 5–7 cm breite und 10–20 cm lange, dickwandige Blockpaprika, von Hellgrün, Hellgelb auf Rot abreifend

Schärfegrad: 0

Geschmack: fruchtig, würzig, süß

Ernte: mittelspät, guter Ertrag nach 80–90 Tagen im geschützten Anbau (Gewächshaus)

Verwendung: frisch, zum Grillen, Füllen, Einlegen, Einfrieren, für Soßen

Besonderheiten: Nocera Rosso hat einen sehr guten Geschmack.

Milder Spiral

Miniblockpaprika in Braun

NuMex Twilight

Wuchs: 80–100 cm im Topf, kompakte, buschige Form, späte Verzweigung, wächst wie ein kleiner Baum, hohe Zierwirkung
Frucht: bis 1 cm breite und 2–3 cm lange, spitzkegelige, nach oben stehende Früchte in Hellgelb, Orange, Hell- und Dunkelviolett, Orangerot
Schärfegrad: 7
Geschmack: scharf
Ernte: sehr guter Ertrag
Verwendung: Ziersorte, auch als Gewürz verwendbar: Frucht aufstechen und als Ganzes in Soßen geben
Besonderheiten: Die Pflanze hat eine hohe Zierwirkung; sehr viele Kerne.

NuMex Twilight

Peter Pepper

Wuchs: 40–60 cm, kompakte Form
Frucht: 4–6 cm lange, zylindrische, eingebuchtete, skurril geformte Chili, über Grün zu Tiefweinrot abreifend, die kugelige Spitze ist bei einigen Exemplaren tief eingebuchtet, was manchmal wie ein freundliches Grinsen aussieht
Schärfegrad: 5–7
Geschmack: leicht fruchtig, scharf
Ernte: früh, mittlerer bis guter Ertrag im Topf nach 60–70 Tagen
Verwendung: als Gewürz, frisch, für Soßen, Chutneys
Besonderheiten: intensives fruchtiges Habanero-Aroma

Peter Pepper

Pimiento de Padron, De Padron

Wuchs: 80–150 cm im Topf, breite, buschige Form
Frucht: bis 3 cm breite und 5–10 cm lange, walzenförmige Chili, von Grün zu Orange bis Rot abreifend, nach unten hängende Früchte
Schärfegrad: 0–5
Geschmack: von mild, pikant würzig bis scharf, es werden überwiegend die grünen Früchte verwendet
Ernte: mittelspät, sehr guter Ertrag
Verwendung: frisch und eingelegt, gut zum Grillen
Besonderheiten: Die berühmte spanische Paprika stammt aus Galizien.

Piquinda Mandaria

Wuchs: 40–60 cm im Topf, kompakte, buschige Form
Frucht: bis 1,5 cm, ovalrunde, nach oben stehende Früchte in Hellgelb, Orange, Hell- und Dunkelviolett, Orangerot
Schärfegrad: 8
Geschmack: scharf
Ernte: früh, sehr guter Ertrag
Verwendung: Zierpflanze
Besonderheiten: Die Sorte hat eine hohe Zierwirkung und eignet sich für die Topfbepflanzung.

Pretty in Purple

Wuchs: 30–50 cm im Topf, aufrechte, buschige, kompakte Form, wunderschöne hellllila Blüten, dunkelviolett-grünes Laub
Frucht: 1–2 cm, kugelrunde Zierchili, von Dunkelviolett zu Hellviolett, Orangerot abreifend, sehr schönes Farbenspiel
Schärfegrad: 5
Geschmack: scharf
Ernte: mittelfrüh, guter Ertrag
Verwendung: als Gewürz, Zierpflanze
Besonderheiten: Die attraktive, kompakte Zierpflanze passt sehr gut zu helllaubigen und panaschierten Sorten.

Pretty in Purple

Purple Beauty

Purple Beauty

Wuchs: 50–70 cm im Topf, kompakte, buschige Form, sollte aufgrund ihrer großen Früchte gestützt werden
Frucht: 5–7 cm breite und 12–15 cm lange, dünnwandige Blockpaprika, von Tiefschwarz auf Dunkelrot abreifend, das Fruchtfleisch ist hellgrün
Schärfegrad: 0
Geschmack: mild würzig
Ernte: mittelfrüh, guter Ertrag auch im Freiland
Verwendung: für warme Gerichte, Soßen, gut zum Einfrieren
Besonderheiten: Purple Beauty ist eine gute robuste Freilandsorte für milde Klimate, sie hat formschöne Früchte mit hübscher Zierwirkung in Salaten.

Puszta Gold

Wuchs: 40–60 cm, buschige Form, sehr robust
Frucht: hellgrüngelbe, dickwandige, kegelige bis bockige Gemüsepaprika, relativ dickwandig, 8–15 cm lang und 5–7 cm breit, Orangerot abreifend
Schärfegrad: 0
Geschmack: frisch, mild würzig
Ernte: früh, sehr guter Ertrag im Freiland, trägt auch gut im Topf und im Gewächshaus
Verwendung: frisch, zum Grillen, Füllen, Einlegen, für Soßen, gut zum Einfrieren
Besonderheiten: Puszta Gold trägt auch bei ungünstiger Witterung.

Quadrato Gialla, Quadrato Rosso

Wuchs: 40–60 cm hoch, buschige Form
Frucht: grüngelbe bzw. grünrote, 15–20 cm lange und halb so breite Blockpaprika, dickwandig, saftig
Schärfegrad: 0
Geschmack: frisch, fruchtig, süß würzig, am besten schmecken sie, wenn die Früchte von Grün auf Gelb oder Rot umfärben
Ernte: mittelspät, sehr guter, sicherer Ertrag im Gewächshaus
Verwendung: frisch, zum Grillen, Füllen, Einlegen, für Soßen, gut zum Einfrieren
Besonderheiten: Diese Blockpaprika ist nur in warmen, geschützten Lagen freilandtauglich.

Roter Augsburger

Wuchs: im Freiland bis etwa 80 cm, sollte gestäbt werden
Frucht: 5–7 cm breite, 10–18 cm lange, dickwandige, leuchtend rote Spitzpaprika, Hellgelb zu Rot abreifend, relativ dünnwandig
Schärfegrad: 0
Geschmack: fruchtig, süß, würzig, gutes Aroma
Ernte: früh, guter Ertrag im Freiland und im Topf
Verwendung: frisch, zum Grillen, Füllen, Einlegen, für Soßen, süßes Paprikapulver, gut zum Trocknen und Einfrieren
Besonderheiten: Eine robuste Freilandsorte aus Deutschland mit gutem Aroma.

Rumänische Chili*

Wuchs: im Freiland bis etwa 80 cm, hübsche violette Blüten und sehr dunkelgrün-violette Blätter, die später grün werden, aufrechte, wenig verzweigte Form
Frucht: 1–2 cm breite und 6–10 cm lange, schmale, spitz zulaufende, teilweise leicht gebogene Peperoni, von glänzend Schwarz langsam zu Tiefrot abreifend, dünnes, relativ trockenes Fruchtfleisch
Schärfegrad: 4–8
Geschmack: pikant würzig, die Früchte einer Pflanze können sehr unterschiedlich scharf sein
Ernte: mittelfrüh, guter Ertrag nach 65–75 Tagen im Freiland und im Topf
Verwendung: als Gewürz frisch, gut zum Trocknen
Besonderheiten: Eine dekorative, relativ robuste, scharfe Freilandpeperoni. Die Pflanze hat durch das dunkle Laub und die lila Blüten eine gute Zierwirkung.

Serrano

Wuchs: bis 120 cm, stämmchenartige, verzweigte Form, hat relativ wenig Blattmasse, aber sehr viele Früchte
Frucht: 0,5–1,5 cm breite und 5–8 cm lange, von Grün auf Rot abreifende, dickfleischige Chili
Schärfegrad: 7
Geschmack: rauchiges, leicht süßes Cayenne-Aroma
Ernte: mittelfrüh, guter Ertrag im Freiland und im Topf

Roter Augsburger

Rumänische Chili

Verwendung: als Gewürz, für Eintöpfe
Besonderheiten: Die Sorte stammt aus dem mexikanischen Hochland, daher ist sie robust, verträgt auch etwas dunklere Standorte und kühlere Sommer; reichtragend auch im Topf.

Scopje

Wuchs: 40–60 cm im Topf, buschige Form
Frucht: 2,5–4 cm, runde Kirschpeperoni mit Spitze, von Hellgelb zu Rot abreifend, relativ dünnwandig
Schärfegrad: 6
Geschmack: fruchtig, würzig, leicht sauer und scharf
Verwendung: zum Einlegen und Kochen, gut zum Einfrieren geeignet
Ernte: früh, guter Ertrag im Topf
Besonderheiten: Scopje hat eine hübsche Fruchtform. Die Pflanze kommt auch mit ungünstigen Standorten zurecht.

Sedar

Sedar

Wuchs: 40–60 cm, buschige Form, robust
Frucht: 4–7 cm, große runde Apfelpaprika, leicht gebuchtet, reift von Hellgelb, Orange zu Rot ab, dickwandig
Schärfegrad: 0–1
Geschmack: würzig, frisch
Ernte: früh, guter Ertrag im Freiland
Verwendung: frisch, für Salate, für warme Speisen, zum Einlegen, Füllen, für Soßen
Besonderheiten: fruchtiges Aroma

Sibirische Hauspaprika

Wuchs: 40–60 cm im Topf, breite, buschige, kompakte Form, robust, verträgt auch schattige Lagen, lässt sich auch ohne Gewächshaus gut überwintern
Frucht: 2–4 cm lange, spitzkegelige Chili, von Grün, Schwarz, Violett zu Rot abreifend, Früchte stehen senkrecht über und unter den Blättern
Schärfegrad: 8–9
Geschmack: intensives süßliches Aroma bei reifen roten Früchten, scharf
Ernte: mittelspät, sehr reicher Ertrag im Topf, reift sehr gut nach
Verwendung: als Gewürz frisch oder getrocknet, für Soßen, Chutneys, zum Einlegen
Besonderheiten: Sibirische Hauspaprika ist eine mehrjährig nutzbare Sorte aus Sibirien.

Santa Fe Grande, El Guero

Wuchs: bis etwa 80 cm, schmale, buschige Form, sollte gestäbt werden
Frucht: 3–4 cm breite, 5–10 cm lange, von Hellgelb über Orange zu Rot abreifende Spitzpaprika, relativ dickwandig und saftig
Schärfegrad: 6
Geschmack: sehr fruchtig und saftig, süßscharf, gutes Aroma
Ernte: früh, sehr guter Ertrag im Freiland und im Topf nach 50–60 Tagen
Verwendung: frisch, für Salate, warme Speisen, zum Einlegen, Füllen, für Soßen, ideal für Pizza, gut zum Einfrieren
Besonderheiten: Eine aus Texas stammende, sehr robuste, reichtragende wohlschmeckende Sorte. Die Früchte können schon hellgelb verwertet werden, die Pflanze trägt sehr gut im Topf.

Sigaretta

Wuchs: 60–80 cm im Topf, breite, buschige Form
Frucht: 1–1,5 cm dicke und 8–12 cm lange, spitze, leicht eingedrückte, spiralförmige Peperoni, relativ dünnwandig, wellige Oberfläche, von Grün zu Rot abreifend
Schärfegrad: 0–5
Geschmack: fruchtig, würzig
Ernte: mittelfrüh, guter Ertrag
Verwendung: frisch, gut zum Einlegen, getrocknet als aromatisches Paprikapulver
Besonderheiten: Vollreif hat Sigaretta ein sehr süß-fruchtiges Aroma.

Sigaretta

Sweet bite Ophelia

Wuchs: 60–100 cm im Topf in geschützter Freilandlage, breite, buschige Form, sollte aufgrund der Fruchtanzahl gestützt werden
Frucht: 4–6 cm breite, kegelige, orange Miniaturpaprika, relativ dickfleischig, saftig, gleichförmig große und ebenmäßige Früchte
Schärfegrad: 0
Geschmack: sehr fruchtig und süß
Ernte: mittelfrüh, guter Ertrag nach 65–75 Tagen, lange haltbare Früchte
Verwendung: frisch, für Salate
Besonderheiten: Eine ideale Naschpaprika, die bei Kindern sehr beliebt ist und wenig Kerne hat.

Sweet Black Hungarian

Wuchs: 50–70 cm im Topf, im Freiland bis etwa 80 cm, sollte gestäbt werden, robuste Pflanzen auch in kühlen Sommern
Frucht: 4–6 cm breite, 10–20 cm lange, breitkegelige Früchte, von Schwarz langsam zu Dunkelweinrot abreifend, relativ dickwandig
Schärfegrad: 0
Geschmack: fruchtig, süß, knackig, frisch im roten Zustand, die dunklen Früchte schmecken mild würzig, sie halten zwei Wochen bei Zimmertemperatur
Ernte: guter Ertrag im Topf und im Freiland
Verwendung: frisch, zum Grillen, Füllen, Einlegen, für Soßen
Besonderheiten: Sweet Black Hungarian ist eine ideale Naschfrucht.

Sweet Black Hungarian

Sweet Chocolate

Wuchs: 0,5 m im Topf, im Freiland bis etwa 80 cm, sollte gestäbt werden
Frucht: blockig bis etwas spitz wachsende, 8–12 cm lange und halb so breite Früchte, dickwandig, die Genussreife beginnt mit der schokobraunen Ausfärbung der Früchte, später verfärben sich diese leicht rotbraun; passend zur schönen Fruchtschale hebt sich das orangerote, bis zu 5 mm dicke Fruchtfleisch ab
Schärfegrad: 0
Geschmack: fruchtig, süß, knackig, frisch, Früchte halten etwa 2 Wochen

Sweet Chocolate

Ernte: guter Ertrag nach 55–75 Tagen im Topf und im Freiland
Verwendung: frisch, Verarbeitung zu Soßen, warmen Gerichten, zum Einfrieren geeignet
Besonderheiten: Sweet Chocolate ist eine ideale Naschfrucht.

Tschechischer Früher

Wuchs: im Freiland bis etwa 80 cm, sollte gestäbt werden
Frucht: 5–7 cm breite, 10–18 cm lange, dickwandige, leuchtend rote Spitzpaprika, von Hellgelb zu Rot abreifend
Schärfegrad: 0
Geschmack: fruchtig süß, würzig, sehr gutes Aroma
Ernte: früh, guter Ertrag im Freiland und im Topf nach 60–70 Tagen
Verwendung: frisch, zum Grillen, Füllen, Einlegen, für Soßen, gut zum Einfrieren geeignet
Besonderheiten: Eine robuste, reichtragende Freilandsorte mit gutem Aroma.

Turuncu Spiral

Variegata Chili

Turuncu Spiral

Wuchs: 80 cm im Topf, breitbuschige Form im Freiland
Frucht: 1–1,5 cm dicke und 8–12 cm lange, spitze, leicht eingedrückte, spiralförmige Peperoni, von Grün zu Orange abreifend
Schärfegrad: 7
Geschmack: scharf würzig, vollreif sehr süß-fruchtiges Aroma
Ernte: mittelfrüh, guter Ertrag nach 60–65 Tagen
Verwendung: Gewürz, gut zum Einlegen und Trocknen
Besonderheiten: Die Sorte bringt hohen Ertrag im Freiland und im Topf. Sie hat ein gutes, fruchtiges und scharfes Aroma.

Variegata Chili, Purple Tiger

Wuchs: 30–50 cm im Topf, kompakte Form, wunderschöne weiße Blüten mit lila Rand, grün-weiß panaschiertes Laub
Frucht: 2–4 cm stumpfkegelige bis tropfenförmige Chili, von Hellviolett, Dunkelviolett zu Tiefrot abreifend
Schärfegrad: 5
Geschmack: fruchtig und scharf, relativ saftig
Ernte: mittelfrüh, guter Ertrag nach 60–70 Tagen
Verwendung: frisch zum Würzen
Besonderheiten: Eine attraktive Zierpflanze für den Topf.

Vietnam*, Chi-Chien*

Wuchs: 60 cm im Topf, ausgepflanzt bis 100 cm, breite, buschige Form
Frucht: 0,4 cm dünne, 4–6 cm lange, schmale, leicht gebogene Chili, von Grün zu Rot abreifend, mehrere Früchte je Blattknoten stehen senkrecht über und unter den Blättern
Schärfegrad: 8–9
Geschmack: fruchtig, süßlich, würzig, lang anhaltend scharf
Ernte: mittelfrüh, sehr reicher Ertrag im Topf
Verwendung: als Gewürz frisch oder getrocknet, für Soßen, Chutneys, zum Einlegen
Besonderheiten: Eine Vertreterin der klassischen „Thai Chili". Ähnlich ist Bali Lombok Hot Meteor.

Wiener Wachs

Wuchs: im Freiland bis etwa 60 cm, sortentypisch ist das gelbgrüne Laub
Frucht: 5–7 cm breite, 10–15 cm lange, sehr dickwandige Spitzpaprika, reift von Hellgelb, Orange zu Hellrot ab, hat teilweise dunkelviolette Flecken auf den Früchten
Schärfegrad: 0
Geschmack: fruchtig mild würzig, bei Vollreife süß
Ernte: früh, guter Ertrag nach 60 Tagen im Freiland und im Topf
Verwendung: frisch, für Salate, für warme Speisen, Soßen, zum Einlegen
Besonderheiten: robuste, reichtragende Freilandsorte aus Österreich

Yesil Tatli (übersetzt: Grüner Süßer)

Wuchs: 60–80 cm im Topf, schmale Form
Frucht: bis zu 20 cm lange, dickwandige rote Peperoni, von Grün zu Dunkelrot abreifend
Schärfegrad: 0–1
Geschmack: fruchtig, süß, würzig, sehr aromatisch, saftig
Ertrag: früher, sehr guter Ertrag im Topf und Freiland nach 50–55 Tagen
Verwendung: frisch, für Salate, zum Kochen, gut zum Grillen und Einlegen
Besonderheiten: eine türkische Lokalsorte, relativ kältetolerant

Yolo Wonder

Wuchs: 60–100 cm, buschige Form
Frucht: 5–7 cm breite, 12–18 cm lange, dickwandige Blockpaprika, von Grün zu Dunkelrot abreifend, hat teilweise dunkelviolette Flecken auf den Früchten
Schärfegrad: 0
Geschmack: sehr fruchtig, süß, saftig
Ernte: mittelfrüh, guter Ertrag nach 70–85 Tagen am geschützten Standort und im Gewächshaus
Verwendung: frisch, für Salate, warme Speisen, Soßen, zum Einlegen, gut zum Einfrieren
Besonderheiten: eine bekannte, reichtragende und aromatische Blockpaprika, die der bekannten roten California Wonder ähnelt

Capsicum annuum var. aviculare

Pequin Miniature

Wuchs: 30 cm im Topf, sehr kompakte, buschige Form, mit zahlreichen kleinen weißen Blüten und später zahlreichen leuchtend roten Früchten, erheblich kleiner als die Ausgangsform Piquin da Ischia
Frucht: 0,3 cm breite und bis 2 cm lange, leuchtend rote Miniaturpeperoni, von Grün zu Korallenrot abreifend, die Früchte stehen nach oben über dem Laub
Schärfegrad: 10
Geschmack: würzig pikanter Geschmack in den Fruchtspitzen, vorsichtig verwenden, da sehr scharf
Ernte: spät
Verwendung: frisch oder getrocknet als Gewürz
Besonderheiten: bezaubernde Zier- und Nutzpflanze, stammt ursprünglich von der Sorte Piquin de Ischia (Schärfegrad: 8) ab

Piquin da Ischia

Wuchs: 30 cm im Topf, sehr kompakte, buschige Form, über und über mit kleinen weißen Blüten bedeckt und später mit zahlreichen leuchtend roten Früchte
Frucht: bis 0,5 cm breite und bis 2–3 cm lange, leuchtend rote Miniaturpeperoni, von Grün zu Korallenrot abreifend, die Früchte stehen nach oben über dem Laub
Schärfegrad: 8
Geschmack: pikant würziger Geschmack in den Fruchtspitzen, vorsichtig verwenden, da sehr scharf

Piquin da Ischia

Ernte: früh, guter Ertrag
Verwendung: frisch oder getrocknet als Gewürz
Besonderheiten: Eine bezaubernde Zier- und Nutzpflanze, die bei den Indianern Mittelamerikas als heilige Pflanze galt; Vorfahre vieler Ziersorten.

Capsicum annuum var. arossum

Paradeisfrüchtige Gelb*

Pflanze: 50–90 cm, robust, buschige Form
Frucht: flache, 8–12 cm breite Tomatenpaprika, sehr dickwandig, reift von Grün zu Gelborange ab
Schärfegrad: 0
Geschmack: saftig, frisch, würzig, süß
Ernte: mittelspät, guter Ertrag im geschützten Freiland und im Gewächshaus, lange haltbare Früchte
Verwendung: frisch, gut zum Verarbeiten für Soßen wie Ajvar, zum Einlegen und Einfrieren
Besonderheiten: Eine Lokalsorte aus Ungarn.

Paradeisfrüchtige Frührot

Paradeisfrüchtige Frührot*

Wuchs: 50–90 cm, robust, buschige Form
Frucht: flache, 8–12 cm breite Tomatenpaprika, sehr dickwandig, von Grün zu Rot abreifend
Schärfegrad: 0
Geschmack: saftig, frisch, würzig, süß
Ernte: früh, sehr guter Ertrag im Freiland und im Gewächshaus, lange haltbare Früchte
Verwendung: frisch, für Soßen wie Ajvar und zum Einlegen, gut zum Einfrieren
Besonderheiten: Robuste, ertragreiche Freilandpaprika aus Ungarn; von den Tomatenpaprika gibt es unterschiedliche Formen, z. B. auch weniger gefurchte Früchte.

Splendid

Wuchs: 50–90 cm, robust, buschige Form
Frucht: flache, 8–12 cm breite, glatte Tomatenpaprika, sehr dickwandig, von Grün zu Rot abreifend
Schärfegrad: 0
Geschmack: im roten Zustand saftig, frisch, würzig, süßsäuerlich
Ernte: früh, sehr guter Ertrag im Freiland und im Gewächshaus, lange haltbare Früchte
Verwendung: frisch, für Salate, warme Speisen, Soßen, zum Einlegen, Füllen, gut zum Einfrieren geeignet
Besonderheiten: Eine robuste, ertragreiche, sehr wohlschmeckende Freilandpaprika aus Rumänien, ähnlich sind die Freilandsorten Merit oder Topgirl.

Tomatenpaprika, Echte, ungarische

Wuchs: 50–90 cm, buschige Form
Frucht: flache, 8–12 cm breite Tomatenpaprika, sehr dickwandig, reift von Grün zu Rot ab
Schärfegrad: 0
Geschmack: saftig, frisch, würzig, süß
Ernte: mittelfrüh, guter Ertrag im Freiland, lange haltbare Früchte
Verwendung: für Soßen wie Ajvar und zum Einlegen, gut zum Einfrieren geeignet
Besonderheiten: Die Echte Ungarische Tomatenpaprika ist eine robuste, ertragreiche Freilandpaprika aus Ungarn.

Capsicum annuum Cerasiforme-Grp.

Kirschchili gelb*, Kirschchili rot*

Wuchs: 40–60 cm im Topf und Freiland, breite, buschige Form, vor allem im Freiland
Frucht: leuchtend gelbe bzw. rote, 2–3 cm runde, relativ dickwandige Kirschchili
Schärfegrad: 5–8
Geschmack: süß, würzig, scharf
Ernte: mittelspät, guter Ertrag
Verwendung: gut zum Einlegen geeignet, als Gewürz
Besonderheiten: Durch die leuchtenden Früchte und den kompakten Wuchs entwickeln sich sehr dekorative Pflanzen der robusten Freilandsorte.

Kirschpaprika, gross, rot*

Wuchs: 60–100 cm im Topf und Freiland, breite, buschige Form, vor allem im Freiland
Frucht: tiefrote, 3,5–5 cm runde, dickwandige Kirschpaprika mit vielen Kernen, relativ trocken
Schärfegrad: 2
Geschmack: mild würzig, etwas holzig
Ernte: mittelspät, guter Ertrag
Verwendung: eignet sich gut zum Einlegen, für warme Speisen, als Gewürz
Besonderheiten: durch die leuchtenden Früchte und den kompakten Wuchs sehr dekorative Pflanze

Kirschpaprika

Aji Angelo

Capsicum baccatum

Aji Angelo

Wuchs: 50–80 cm im Topf, im Freiland bis etwa 80 cm, breite, buschige Form
Frucht: 5–10 cm lang, 2–3 cm dick, dünnwandig, von Grün über Orange nach Rot abreifend
Schärfegrad: 6
Geschmack: fruchtig scharf
Ernte: mittelspät, sehr guter Ertrag nach 70–80 Tagen im Topf
Verwendung: frisch, für Salate, warme Speisen, gut zum Trocknen geeignet
Besonderheiten: attraktive Früchte mit schöner Umfärbung

Aji Cristal, Aji White Wax

Wuchs: 60–120 cm im Topf, im Freiland bis etwa 80 cm, breite, buschige Form, bis 20 cm langes Laub
Frucht: 6–12 cm lang, dünnwandig, leicht eingedrückte längliche Früchte, von Hellgelb über Orange nach Rot abreifend
Schärfegrad: 5–6
Geschmack: fruchtig, süß, scharf
Ernte: mittelspät, sehr guter Ertrag nach 75–80 Tagen im Topf
Verwendung: frisch, gut zum Trocknen geeignet
Besonderheiten: Die Sorte liefert ein schönes Farbenspiel beim Reifen.

Brazilian Starfish

Wuchs: 100–120 cm hoch im Topf, breite, buschige Form
Frucht: 3–5 cm, flachrund, von Grün nach Rot abreifend
Schärfegrad: 7
Geschmack: fruchtig, scharf würzig
Ernte: spät, reicher Ertrag im Topf nach über 80 Tagen
Verwendung: frisch und getrocknet als Gewürz
Besonderheiten: außergewöhnliche Fruchtform, die an einen Seestern erinnert

Lemon Drop

Wuchs: 60–170 cm im Topf, breite, buschige Form
Frucht: 5–7 cm, längliche Chili mit Spitze, hängende Früchte, etwas warzige Oberfläche, charakteristisch ist die schöne zitronengelbe Farbe
Schärfegrad: 5
Geschmack: würzig scharf, fruchtig mit Zitrusnote
Ernte: früh, sehr reicher Ertrag nach 60–70 Tagen im Topf
Verwendung: frisch und getrocknet als Gewürz, für Soßen
Besonderheiten: attraktive Frucht, ungewöhnliche Farbe

Lemon Drop

Glockenpaprika

Ungarischer Glockenpaprika, Bishops Crown

Wuchs: 80–140 cm im Topf, sehr breite, buschige Form
Frucht: 5–7 cm große, typische hutartige Früchte, von Grün über Orange zu Rot abreifend
Schärfegrad: 4–8
Geschmack: würzig scharf, saftig, es gibt unterschiedlich scharfe Varietäten
Ernte: mittelspät, guter Ertrag im Freiland nach 75–80 Tagen
Verwendung: gut zum Einlegen und Einfrieren geeignet, frisch in Verbindung mit würzigen Speisen
Besonderheiten: sehr ansprechende, robuste Pflanze; Früchte sind relativ lange haltbar und werden gern für dekorative Zwecke genutzt.

Capsicum chinense

Aji dulce Amarillo

Wuchs: 40–60 cm hoch im Topf, breite, buschige Form
Frucht: wunderschöner, gelblich orangefarbener, 4 cm breiter und 6 cm langer Habanero, über Grün zu Gelb bis Gelborange abreifend, dünnwandig, aber saftig, Früchte sind unter den herzförmig länglichen Blättern
Schärfegrad: 1

Geschmack: sehr fruchtig und süß, er wird daher auch Kinderhabanero genannt.
Ernte: mittelfrüh, guter Ertrag im Topf bereits nach 70 Tagen
Verwendung: frisch und als fruchtiges Gewürz, zum Trocknen oder Einfrieren geeignet
Besonderheiten: Die Sorte hat ein intensives fruchtiges Habanero-Aroma, ähnlich sind die speziell mild gezüchteten Sorten NuMex Suave rot und NuMex Suave gelb.

Aji charapa, Charapita, Wild Brazil, gelbe Wildchili

Wuchs: 40–60 cm im Topf, im Gewächshaus 60–100 cm, breite, buschige Form mit ausladendem Laub, grünlich weiße kleine Blüten, mehrere Blüten und Früchte je Nodium
Frucht: kaum erbsengroße gelbe Wildchili, deren leuchtende Früchte nach oben stehen, 3–5 mm groß, rund, über Grün zu Gelb abreifend
Schärfegrad: 10
Geschmack: scharf
Ernte: mittelspät, guter Ertrag im Topf und Freiland nach über 80 Tagen
Verwendung: Gewürz für die scharfe Küche
Besonderheiten: Eine dekorative typische Birdspepper-Pflanze (Vogelchili), weil die reifen Beeren meistens hoch über dem Laub stehen und leuchtend gelb sind.

Bhut Jolokia, Bih Jolokia

Wuchs: 80–150 cm im Topf, buschig, teilweise sehr breitwüchsig
Frucht: 5–7 cm lange und 2–3 cm breite Chili mit unregelmäßiger Oberfläche, von Grün, Orange zu Rot abreifend, einzelne Typen in Schokobraun oder Orange, typisch ist die unregelmäßige warzige Oberfläche
Schärfegrad: 10+
Geschmack: etwas süß, würzig, wenig saftig
Ernte: guter Ertrag, bei viel Licht und Wärme spät nach über 100 Tagen, grüne Früchte reifen gut nach
Verwendung: als Gewürz und in scharfen Ketchups, in Soßen für extreme Scharfesser

Besonderheiten von Bhut Jolokia

Diese Sorte ist nichts für Anfänger des scharfen Gemüses. In Verbindung mit Öl lösen sich die ätherischen Öle, die die Schleimhäute reizen. Verwenden Sie bei der Verarbeitung einen Atemschutz und tragen Sie am besten zwei Paar Handschuhe. Neueinsteiger der scharfen Genüsse müssen sich langsam an immer steigende Schärfegrade gewöhnen, damit der Genuss nicht vom ohnmächtigen Schmerzgefühl vernichtet wird. Die Schärfe der bei uns gezogenen Jolokias beträgt 500 000–600 000 Scoville und ist um ein Drittel geringer als in den ursprünglichen, warmen Anbauregionen. Die extreme Schärfe vergeht nach Erfahrungen von Chiliheads nach 6–8 Minuten, danach kommt das Glücksgefühl der im Körper gebildeten Endorphine, die den Schmerz betäuben.

Bhut Jolokia

Chupetinho, Cuphetina Brazil

Wuchs: 30–60 cm im Topf, breite, buschige Form, grün-weiße Blüten, mehrere Früchte je Blattknoten
Frucht: tropfenförmiger, 2–3 cm bauchiger Habanero mit Spitze, von Porzellangelb zu Rot abreifend, ähnelt optisch sehr stark Habanero Bolivia, relativ dickwandig mit saftigem Fruchtfleisch, Frucht ist leicht warzig
Schärfegrad: 9–10
Geschmack: fruchtig, süß, scharf
Ernte: früh, guter Ertrag im Topf nach 60–65 Tagen
Verwendung: frisch, für Soßen, Chutneys, gut zum Einfrieren geeignet
Besonderheiten: eine dekorative Zierpflanze

Fatali

Habanero Red

Fatali

Wuchs: 70–150 cm im Topf, breite, buschige, trichterartige Form
Frucht: 5–7 cm, längliche, hellgelbe oder rote Chili mit Spitze, eingebuchtete Oberfläche, hängende Früchte, dünnwandig
Schärfegrad: 10+, vergleichbar mit Bhut Jolokia
Geschmack: würzig, scharf und fruchtig, später einsetzende, lang anhaltende Schärfe
Ernte: mittelfrüh, guter Ertrag im Topf nach 85–100 Tagen
Verwendung: frisch als Gewürz und zum Einlegen und Einfrieren geeignet (Handhabung siehe Bhut Jolokia)
Besonderheiten: Die Sorte entstand in Zentralafrika.

Habanero Bolivia

Wuchs: 40–60 cm im Topf, breite, buschige Form, grün-weiße Blüten, mehrere Früchte je Blattknoten
Frucht: 2–4 cm, tropfenförmiger, bauchiger Habanero mit Spitze, der von Gelb zu Rot abreift, ähnelt sehr Cuphetina
Schärfegrad: 9
Geschmack: sehr fruchtig, süß, scharf
Ernte: mittelfrüh, guter Ertrag im Topf
Verwendung: frisch, für Soßen, Chutneys
Besonderheiten: Eine dekorative Zierpflanze mit intensivem fruchtigem Habanero-Aroma.

Habanero red

Wuchs: 60–100 cm im Topf, breite, buschige, trichterartige Form
Frucht: wunderschöner roter, 4 cm breiter und 6 cm langer, gebuchteter Habanero, über Grün, Orange zu Rot abreifend, dünnwandige, saftige Früchte sind unter den herzförmig länglichen Blättern
Schärfegrad: 10
Geschmack: fruchtig, rauchig, sehr scharf
Ernte: spät, guter Ertrag im Topf nach 85–100 Tagen
Verwendung: frisch, als Gewürz, für Soßen, Chutneys
Besonderheiten: dekorativ; schön ist auch der noch schärfere, schokobraune Habanero (10+)

Jamaikan Hot Habanero

Wuchs: bis 1,5 m im Topf, buschige Form
Frucht: 6–8 cm lange, zylindrische, etwas eingebuchtete Frucht, über Grün zu Rot abreifend, die Spitze ist bei einigen Exemplaren eingebuchtet
Schärfegrad: 9
Geschmack: etwas fruchtig, sehr scharf
Ernte: mittelfrüh, guter Ertrag im Topf nach 80–90 Tagen
Verwendung: frisch, als Gewürz, für Soßen, Chutneys
Besonderheiten: rauchiges Habanero-Aroma

Limon

Wuchs: nur 50 cm im Topf, breite, buschige Form
Frucht: 1–2 cm breite, 4–7 cm lange, tropfenförmige, etwas eingebuchtete Frucht, über Grün zu Gelb abreifend, dünnwandig
Schärfegrad: 10
Geschmack: leicht fruchtig, sehr scharf
Ernte: mittelfrüh, sehr guter Ertrag im Topf nach 60–70 Tagen
Verwendung: frisch, als Gewürz, für Soßen, Chutneys
Besonderheiten: Die kleine Pflanze produziert früh viele zitronengelbe Früchte, die Frucht ähnelt der Sorte Lemon Drops, ist aber viel schärfer.

Macarena

Macarena

Wuchs: 0,70–0,8 cm im Topf, breite, buschige, trichterartige Form
Frucht: 3,5–5 cm längliche, rundlich spitz zulaufende Frucht, eingebuchtete Oberfläche, sehr schön von Grün, glänzend Schwarz zu Rot abreifend
Schärfegrad: 4
Geschmack: frisch, aber holzig
Ernte: mittelspät
Verwendung: als Zierpflanze im Topf
Besonderheiten: Die Zierpflanze entwickelt schöne dunkelrote bis schwarze Früchte.

Madame Jeanette

Frucht: 3,5–5 cm, orangegelbe Frucht, eingebuchtete Oberfläche, sehr schön von Grün über Gelborange zu Rot abreifend
Schärfegrad: 10
Geschmack: fruchtig, sehr scharf
Ernte: später Ertrag im Topf nach 80–100 Tagen
Pflanze: 0,7–0,8 cm im Topf, breiter, buschiger, trichterförmiger Wuchs, breites Laub
Verwendung: zum Würzen, Trocknen und Einlegen
Besonderheiten: Die Sorte kommt aus Surinam, im Nordodten Südamerikas.

NuMex Suave gelb, NuMex Suave Rot

Wuchs: 60–150 cm im Topf, breite, buschige, trichterartige Form, Pflanzen bilden teilweise bis zu 2 cm dicke Stämme
Frucht: wunderschöner, 4 cm breiter und 6 cm langer, gebuchteter, dünnwandige Frucht in Gelborange, über Grün zu Gelborange und Rot abreifend, dünnwandig, aber saftig, Früchte sind oft unter den herzförmig länglichen Blättern
Schärfegrad: 0–3
Geschmack: sehr fruchtig, süß, minimale Schärfe bei vollem Aroma
Ernte: mittelfrüh, guter Ertrag im Topf, die Früchte bleiben mehrere Wochen leuchtend orange gefärbt und können in diesem Stadium schon sehr gut verwertet werden, etwa 120 Tage bis zur Reife
Verwendung: frisch, für fruchtige Soßen, Chutneys, fruchtiges Gewürzpulver, gut zum Trocknen und Einfrieren geeignet

Besonderheiten: Die Sorte liefert intensives fruchtiges Habanero-Aroma ohne Schärfe, sehr dekorative Früchte, die ebenso, ringförmig aufgeschnitten, Salatteller dekorieren. Achtung: Verwechslungsgefahr mit dem scharfen Habanero Red!

Ose Utoro

Wuchs: 40–60 cm im Topf, breite, buschige, trichterartige Form
Frucht: wunderschöner roter, 4 cm breiter und 6 cm langer, gebuchteter Habanero, über Grün, Orange zu Rot abreifend, dünnwandige, saftige Früchte sind unter den herzförmig länglichen Blättern
Schärfegrad: 10
Geschmack: sehr fruchtig, süß, sehr scharf
Ernte: mittelfrüh, guter Ertrag im Topf
Verwendung: frisch, für Soßen, Chutneys
Besonderheiten: intensives fruchtiges Habanero-Aroma, dekorative Form, ähnelt Habanero Red

Red Savina®

Wuchs: 60–100 cm im Topf, breite, buschige, trichterartige Form, kann gut mehrjährig gezogen werden
Frucht: 4 cm breiter und 5 cm langer, gebuchteter Habanero, über Grün, Orange zu Rot abreifend
Schärfegrad: 10+
Geschmack: fruchtig, rauchig, sehr scharf
Ernte: spät, guter Ertrag nach 120 Tagen im Topf
Verwendung: frisch, als Gewürz, für Soßen, Chutneys
Besonderheiten: Red Savina® stammt aus Kalifornien; sie hat ein intensives Habanero-Aroma, eine dekorative Form und war mit über 500 000 Scoville bis 2006 der Schärferekordhalter im Guinnessbuch, wurde dann von Bhut Jolokia verdrängt.

Scotch Bonnet

Wuchs: 60–120 cm im Topf, buschige Form
Frucht: 2–5 cm, eingedrückt, in charakteristischer Mützenform, von Grün, Orange zu Rot abreifend
Schärfegrad: 9
Geschmack: sehr fruchtig, süß, sehr scharf
Ernte: mittelfrüh, guter Ertrag im Topf
Verwendung: frisch, für Soßen, Chutneys, gut zum Einfrieren und Trocknen geeignet
Besonderheiten: Aus Jamaika stammend mit intensivem fruchtigem Habanero-Aroma, dekorative Form, relativ große Früchte, der Name nimmt Bezug auf die optisch ähnliche Kopfbedeckung und heißt übersetzt Schottenmütze.

Scotch Bonnet Big Sun

Wuchs: 40–120 cm im Topf, breite, buschige, trichterartige Form
Frucht: 5 cm breiter, 6 cm langer Habanero in Gelborange, über Grün zu Gelb bis Gelborange abreifend, dünnwandig, Früchte sind unter den herzförmig länglichen Blättern
Schärfegrad: 9
Geschmack: sehr fruchtig, sehr scharf
Ernte: spät, guter Ertrag im Topf nach 90–100 Tagen

Ose Utoro

Red Savina®

Verwendung: frisch, für Soßen, Fischgerichte, gut zum Einfrieren und Trocknen geeignet
Besonderheiten: Eine karibische Sorte in schöner Form.

White Pearl

Wuchs: 40–60 cm im Topf, breite, buschige, trichterartige Form
Frucht: 2–4 cm, oval, über Grün zu Elfenbeinweiß abreifend, Früchte sind unter den breitlänglichen Blättern
Schärfegrad: 10
Geschmack: sehr fruchtig, süß, sehr scharf
Ernte: mittelfrüh, guter Ertrag im Topf nach 80–90 Tagen
Verwendung: frisch, für Soßen, Chutneys
Besonderheiten: White Pearl ähnelt dem gleich scharfen White Bullet.

Capsicum frutescens

Tabasco

Wuchs: 80–100 cm im Topf, breitbuschige, kompakte Form
Frucht: 3–5 cm lange, spitzkegelige Chili, über Grün, Orange zu Rot abreifend, Früchte stehen senkrecht über den Blättern, dünnwandig, aber saftig, mehrere Früchte je Blattknoten
Schärfegrad: 9
Geschmack: würzig

White Pearl

Ernte: mittelfrüh, sehr reicher Ertrag im Topf nach 80–90 Tagen
Verwendung: für Soßen, Chutneys, als Gewürz
Besonderheiten: sehr reichtragend

Capsicum pubescens

Gelbe Baumchili

Pflanze: bis 120 cm im Topf, breite, aufrechte Form, dickwandig, blaugrüne, weich behaarte Blätter, lila Blüten
Frucht: 5 cm breite, 5–8 cm lange, dickwandige, glatte, glockenförmige Chili
Schärfegrad: 9–10
Geschmack: leicht süß, sehr scharf, gutes Aroma
Ernte: spät, nach über 100 Tagen, mehrjährige Gewächshauspflanze
Verwendung: frisch, für Soßen
Besonderheiten: Gelbe Baumchili entwickeln schwarze Samenkörner.

Rote Baumchili

Wuchs: bis 120 cm im Topf, breite, aufrechte Form, blaugrüne, weich behaarte Blätter, lila Blüten
Frucht: 5 cm breite, 5–8 cm lange, dickwandige, glatte, glockenförmige rote Früchte
Schärfegrad: 9–10
Geschmack: leicht süß, sehr scharf, gutes Aroma
Ernte: sehr spät, nach über 100 Tagen, mehrjährige Gewächshauspflanze
Verwendung: frisch, für Soßen
Besonderheiten: entwickeln schwarze Samenkörner

TIPP **Baumchili werden immer wieder als frostfest bezeichnet, was sie allerdings nicht sind. Sie werden zwar in Südamerkia auch in kühleren Bergregionen kultiviert, erfrieren aber wie alle anderen Capsicumarten bei Temperaturen unter 5 °C. Anders als ihre Verwandten mögen die Baumchili halbschattige Orte.**

Alles auf einen Blick

(Bei den *Capsicum-annuum*-Sorten wurde zur Vereinfachung der Artname weggelassen.)

Robuste, freilandgeeignete Gemüsepaprika

Süß bis mild pikant

- Apfelpaprika
- Bugarian, bulgarische Paprika
- Bujan
- Cornetto
- Cubanella
- Domaca Paradejz Paprika
- Echter ungarischer Tomatenpaprika
- Feher
- Ferenc Tender
- Korosko
- Miniblockpaprika gelb, rot, braun
- Neusiedler Ideal Elite
- Paradeisfrüchtiger Frührot oder Gelb
- Puszta Gold
- Roter Augsburger
- Spitzpaprika rot aus Ungarn
- Splendid
- Sweet bite Ophelia
- Sweet Black Hungarian
- Sweet Chocolate
- Tschechischer Früher
- Wiener Wachs
- Yesil Tatli

Mild pikant bis mittelscharf

- Espelette
- Padron, De Padron
- Sedar

Robuste, freilandgeeignete Chili- und Peperonisorten

Süß bis mild pikant

- Auch* Chili, mild
- Boldog
- Elefant
- Jimmy Nadellos
- Yesil Tatli

Mild pikant bis mittelscharf

- Elefant
- Espelette
- Fogo
- Gelbe Peperoni
- Glockenpaprika
- Kirschpaprika, groß, rot
- Laterna de Foc
- Milder Spiral
- De Padron
- Sedar
- Sigaretta
- Ungarischer Glockenpaprika

Scharf

- De Cayenne
- Golden Cayenne
- Kirschchili Gelb, Kirschchili Rot
- NuMex Twilight
- Rumänische Chili
- Serrano
- Sibirischer Hauspaprika
- Turuncu Spiral

Niedrige und ertragreiche Paprikasorten für den Balkongarten

- Appelsweet Pimiento
- Buran (Bujan)
- Feher
- Ferenc Tender
- Miniblockpaprika
- Neusiedler Ideal Elite
- Paradeisfrüchtige Frührot oder Gelb *(Capsicum annuum* var. *arossum)*
- Puszta Gold
- Roter Augsburger
- Sweet bite Ophelia
- Sweet Black Hungarian
- Sweet Chocolate
- Tomatenpaprika, Echte, Ungarische *(Capsicum annuum* var. *arossum)*
- Tschechischer Früher
- Wiener Wachs

Niedrige und ertragreiche Peperonisorten für den Balkongarten

- Boldog
- Elefant
- Gelbe Peperoni
- Kirschpaprika, groß, rot *(Capsicum annuum* Cerasiforme Grp.*)*
- Milder Spiral
- Santa Fe Grande
- Sigaretta
- Tatli
- Turuncu Spiral
- Yesil

Niedrige Chilisorten für den Balkongarten

- Aji dulce Amarillo *(Capsicum chinense)*
- Bhut Jolokia, Bih Jolokia *(Capsicum chinense)*
- Chupetinho *(Capsicum chinense)*
- De Cayenne, Cayenne, Cayennepfeffer
- Fatali *(Capsicum chinense)*
- Fish Pepper
- Fogo
- Golden Cayenne
- Jalapeno
- Kirschchili Gelb, Kirschchili Rot *(Capsicum annuum* Cerasiforme Grp.*)*
- Lemon Drop (C. bac.)
- Medusa
- NuMex Suave Gelb, NuMex Suave Rot *(Capsicum chinense)*

Süße, milde Paprikasorten und Peperoni

Blockpaprika

- Bugarian, bulgarischer Paprika
- Bujan
- Chocolate Beauty
- Feher
- Miniblockpaprika
- Neusiedler Ideal Elite
- Nocera Rosso
- Purple Beauty
- Puszta Gold
- Quadrato Gialla
- Quadrato Rosso
- Sweet bite Ophelia
- Tschechischer Früher
- Yolo Wonder

Spitze Gemüsepaprika

- Appelsweet Pimiento
- Boldog
- Cornetto
- Cubanella
- Dulce Italiano
- Ferenc Tender
- Golden Treasure
- Korosko
- Roter Augsburger
- Somborcka

Süße Habanero ohne Schärfe

(Vorsicht Verwechslungsgefahr mit scharfen Sorten!)

- Aji dulce Amarillo
- NuMex Suave Gelb, NuMex Suave Rot

Scharfe Früchtchen

Sorte	
De Padron	0–5
Jalapeno TAM	3
Jalapeno Early	3–5
Espelette	4
Glockenpaprika (ungarisch) C. bac	4–8
Lemon Drop (C. bac.)	5–8
Aji Cristal (C. bac.)	5
Fish Pepper	5
Fogo	5
Golden Cayenne	5
Kirschchili Gelb, Kirschchili Rot	5
Masquerade	5
Laterna de Foc	5
Santa Fe	4–6
De Cayenne	5–8
Rotes Teufelchen	7
Rumänische Chili	5–8
Serrano	7
Turuncu Spiral	7
Joe Long	7–8
NuMex Twilight	7

Sorte	
Piquinda Mandaria	8–9
Cuphetinia	9
Habanero Bolivia	10
Jamaikan Hot Habanero	9
Sibirischer Hauspaprika	9
Malagueta	9
Vietnam	9
Tabasco	9
Gelbe Baumchili	9–10
Rote Baumchili	9–10
Limon	10
Madame Jeanette	10
Ose Utoro	10
Aji Charapa – Gelbe Wildchili	10
Pequin	10
Scotch Bonnet	10
White Pearl	10
Habanero Red	10+
Red Savina®	10+
Fatali	10+
Bhut Jolokia, Bih Jolokia	10+++

Zierpaprika – schöne Pflanzen für den optischen Genuss

Sorte	Höhe in cm	Frucht	Blatt
Aurora	20	Spitz, violett, rot	Grün
Black Beauty	40–60	Rund, schwarz, violett, brot	Dunkelviolett
Black Namaqualand	60–80	Spitzstumpf, schwarz, rot	Dunkelviolett, grün
Bolivian Rainbow	30–50	Hellgelb, orange, violett zu rot	Grün oder violett
Chili, dunkelviolett	20–30	Hellgelb, orange, violett zu rot	Dunkelgrün
Masquerade	20–30	Länglich, rosa, violett, rot	Grün
Medusa	10–20	Länglich, rot	Grün
NuMex Twilight	80–120	Spitz, gelb, orange, violett, rot	Grün
Piquinda Mandaria	40–60	Oval, hellgelb, orange, violett, rot	Grün
Pretty in Purple	30–50	Rund, violett, orange, rot	Grünviolett
Capsicum chinense			
Macarena	70–80	Oval, schwarz, weinrot	Grün

Aromatische und außergewöhnliche Chili, außergewöhnliche Formen

Sorte	Höhe in cm	Frucht	Blatt
Bolivian Rainbow	30–50	Hellgelb, orange, violett zu rot	Grün oder violett
Fischpepper	70–100	Länglich, gelb, orange, rot	Panaschiert grün-weiß
Fogo	40–60b	Länglich orange	Grün
Golden Cayenne	40–60	Länglich goldgelb	Grün
Joe Long	100–170	Bis zu 25 cm lang, rot	Grün
Kirschchili Gelb oder Rot	40–60	Gelb oder rot	Grün
Pequin Miniature	20–30	Länglich, rote Miniaturchili	Grün
Peter Pepper	40–60	Dick, länglich, gefurcht, weinrot	Grün
Rumänische Chili	60–80	Länglich, schwarz, weinrot	Grün
		violette Blüten	Schwarz
Sigaretta	60–80	Länglich, gefurcht, gebogen	Grün
Variegata Chili	30–50	Spitzstumpf, violett, orange, rot	Panaschiert grün-weiß
Capsicum baccatum			
Brazilian Starfish	100–120	Flachrund, grün, rot,	Grün
Ungarische Glockenpaprika	80–140	Mützenförmig, grün, rot,	Grün
Lemon Drop	80–140	Länglich, zitronengelb	Grün
Capsicum chinense			
Aji dulce Amarillo	40–60	Gelbe, süße Habaneroform	Grün
Chupetinho	30–60	Hellgelbe bis rote Tropfenform	Grün
Limon	30–50	Länglich zitronenförmig	Grün
NuMex Suave	0–150	Gelbe oder rote Habaneroform	Grün
Capsicum frutescens			
Feuerwerk	40–60	Spitzkegelig, gelb, orange, rot,	Grün
Capsicum pubescens			
Baumchili, gelb, rot	60–120	Rund bis oval, rot oder gelb	Blaugrün, behaart, violette Blüten

Aromatische und schöne Peperoni, außergewöhnliche Formen

Sorte	Höhe in cm	Frucht	Blatt
Elefant	80–100	Rot mit typischen Korkleisten	Grün
Gelbe Peperoni	40–50	Gelb	Grün
Milder Spiral	30–40	Länglich bis gebogen, rot	Grün
Santa Fe Grande	50–80	Keilförmig, gelb, orange, rot	Grün
Turuncu Spiral	60–80	Orange Peperoni	Grün

Verwertung von Paprika

Paprika kann man fast immer essen, nicht zuletzt auch deshalb, weil es sehr viele Zubereitungsmöglichkeiten gibt.
Die festfleischigen, knackig frischen Früchte sind eine ideale Zwischenmahlzeit und lassen sich gut transportieren; sommerliche Salate werden durch die leuchtend bunten Früchte zum Augenschmaus und viele Gemüsepaprika schmecken nach einem kurzen Dünsten noch etwas süßer und fruchtiger.

Richtiges Ernten und Haltbarmachen

Bei der Ernte der Früchte kommt es fast immer auf den richtigen Zeitpunkt an, denn nur wirklich ausgereifte Paprika entfalten ihren besonderen Geschmack. Die Früchte sollten dabei abgeschnitten und nicht abgerissen werden, da die Stängel sonst durch die Verletzung faulen können.

Die Haltbarkeit ist stark sortenabhängig. Eine Lagerung unter 6 °C ist nicht empfehlenswert, da die Früchte kälteempfindlich sind und ihr Aroma verlieren.

Haltbarmachung

Paprika können durch Einfrieren, Trocknen, Einlegen und Verarbeitung zu Soßen und zu Brotaufstrich haltbar gemacht werden.

TROCKNEN Zum Trocknen eignen sich die dünnwandigen Chili, Peperoni oder auch die großen ungarischen Gewürzpaprika. Ihre Schärfe und oft auch das Aroma erhöhen sich mit dem langsamen Wasserentzug auf das Zehnfache.

Was in wärmeren Ländern unter der heißen Sonne geschieht, muss bei uns über einige Stunden und Tage im Backofen bei etwa 70 °C oder im Dörrapparat passieren. Wenn die Früchte sich mit einem deutlichen Knacken auseinanderbrechen lassen, sind sie ausreichend trocken. Sie sollten dann luftdicht gelagert werden, da sie leicht wieder Wasser ziehen können.

EINFRIEREN Wie Tomaten werden die Früchte nicht blanchiert und können direkt verpackt werden. Es empfiehlt sich, die Früchte kochfertig zur putzen und klein zu schneiden, da sie nach dem Auftauen weicher und schwerer zu verarbeiten sind. Bei scharfen Sorten sollten aus dem gleichem Grund die Plazenta, Samenscheidewände und Saatgut entfernt werden.

EINKOCHEN Es ist wieder „in" einzukochen. Wie Tomatenmark kann auch Paprikamark hergestellt werden. Die pürierten Paprika werden heiß in Twist-off-Gläser gefüllt.

Das klassische Ajvar ist eine rote dickflüssige Soße aus Auberginen, Tomaten und Paprika. Ohne den Zusatz von Konservierungsstoffen sind die Soßen aus der eigenen Ernte über ein Jahr haltbar. In schöne Gläser abgefüllt eignen sie sich gut als Mitbringsel.

Notlösung

Gerade zur Zeit der Saatguternte müssen immer wieder Früchte länger gelagert werden, da sie nicht direkt verarbeitet werden können. Verpackt in einen Plastikbeutel bleiben sie in einem nicht zu kalt eingestellten Kühlschrank bis zu drei Wochen knackig frisch.

EINLEGEN Bekannt sind in Öl eingelegte Peperoni, die mehrere Wochen haltbar sind. Das Öl mildert ihre Schärfe. In Essig eingelegte Früchte behalten lange ihre dekorative Farbe und Form.

Paprika- Käsebällchen

- 200 g Quark
- 200 g Frischkäse
- 1 große Paprika, (nach Belieben mit schärferen Sorten wie Jalapeno kombiniert)
- 2 EL gehackte Kräuter (z.B. Oregano, Thymian, Rosmarin)
- 1 Knoblauchzehe, fein gehackt
- Meersalz

Alle Zutaten vermischen und zu kleinen Kugeln formen.

Paprika-Petersiliendip

- 1–2 große Gemüsepaprika
- 2 Knoblauchzehen, gepresst
- 1 Bund Petersilie, sehr fein zerkleinert
- Saft einer Zitrone
- 5 EL kalt gepresstes Olivenöl oder Rapsöl
- Minze, Chili, Salz, Naturjoghurt, nach Belieben

Alle Zutaten gut verrühren und mindestens 1 Stunde gut abgedeckt ruhen lassen.

Schmeckt gut zu Fladenbrot oder gebackenen Kartoffelspalten

Paprikareis Indisch

- 400 g Basmatireis
- 3 Paprika bunt, in Streifen geschnitten,
- 1 Tomate, gewürfelt,
- 1 große Kartoffel, roh, fein gewürfelt
- 1 kleine Zucchini, gewürfelt
- 3 Knoblauchzehen fein gepresst
- ½ TL gelbe Currypaste
- ½ TL Ingwer, gerieben
- ½ Bund Koriander, fein geschnitten
- ½ TL Schwarzkümmel
- 750 ml Wasser oder Gemüsebrühe
- Öl
- fein geschnittene Chili, Chilipulver nach Belieben oder Pulver von schärfefreien Habaneros ('Aji dulce Amarillo' oder 'NuMex Suave Gelb'

Den Reis gut waschen, dann im letztem Wasser etwas quellen lassen.

Öl in eine beschichtete Pfanne geben und darin den Kreuzkümmel anrösten bis er duftet. Zwiebel dazugeben und glasig hell anbraten. Gemüse und Gewürze in der Reihenfolge: Kartoffel, Zucchini, Tomate, Paprika, Ingwer, Knoblauch, Chili, Salz dazugeben und zum 5–10 Minuten dünsten.

Beilage: Den Reis etwa 15–20 Minuten kochen, abtropfen lassen und mit dem frischen Koriander vermischen.

Statt Kartoffeln und Zucchini können auch gewürfelte Auberginen (Melanzani) verwendet werden.

Geröstete Paprikaknödel

- 1 Zwiebel, fein gewürfelt
- 2 große Paprika, fein gewürfelt
- 250 g Brötchen oder helles Brot, fein gewürfelt
- 200 g gekochte, mit einer Gabel zerdrückte Kartoffeln
- 200 ml Gemüsebrühe
- 200 ml Schmand
- 2 Eier
- 2 EL Mehl
- 200 g geriebenen kräftigen Käse (Bergkäse, Tilsiter o. A.)
- Butterschmalz zum Ausbacken

Zwiebeln in Öl anbraten, Paprika hinzugeben und dünsten. Danach mit Brot, Kartoffeln und allen anderen Zutaten in eine Schüssel geben und zu einem festen Teig vermengen. Evtl. mit Salz und Paprikapulver nachwürzen. 20 Minuten ruhen lassen. Mit nassen Händen Knödel formen, flach drücken und in Butterschmalz bei mittlerer Hitze goldbraun ausbacken.

Dazu wird knackig grüner Salat mit frischen Paprikastreifen gereicht.

Pimiento de Padron (1 Portion) als Beilage

- 200 g Piemiento de Padron
- 1–2 Knoblauchzehen
- Etwas Olivenöl
- Salz und Pfeffer nach Belieben

Paprikafrüchte vierteln, putzen und in Öl anbraten. Kurz vor dem Servieren Knoblauch, Salz und Pfeffer hinzugeben. Die spanische Sorte 'De Padron' hat einen eigenen Geschmack und schmeckt auf diese einfache Weise zubereitet am besten.

Das Rezept kann auch leicht abgewandelt für unsere milden Gemüsepaprika für eine süß würzige Gemüsepfanne angewendet werden. Statt Olivenöl kann geschmackneutrales Speiseöl und statt dem Knoblauch kann ein Esslöffel voll Ahornsirup verwendet werden. Dadurch bekommen auch grüne Paprika ein fruchtigeres Aroma.

Paprikaknirpse

Teig

- 50 g Mehl
- 1 TL Backpulver
- 150 g feine Haferflocken
- 100 g Butter oder Margarine
- 50 g geriebener Käse

Füllung

- 100 g Frischkäse
- 50 g geriebener Käse
- 2–3 EL Paprika in sehr kleinen Würfeln
- Chili, oder Paprikapulver nach Wunsch

Mehl und Backpulver mischen, Margarine, Paprikapüree, geriebenen Käse und die zuvor in Öl gerösteten Haferflocken hinzugeben. Mürbeteig für 30 Minuten kalt stellen, dünn ausrollen und in Rechtecke schneiden. 10–15 Minuten bei 160 °C Umluft goldbraun backen.

Die Zutaten der Füllung gut vermischen und je 2 Plätzchen mit der Füllung aufeinanderdrücken.

Paprikabrot

- 500 g Dinkel- oder Weizenmehl
- 1 Paket Trockenhefe
- 450 ml pürierte Paprika
- 100 g gehackte Mandeln
- je 2 TL Salz, Oregano oder Thymian
- 2 EL Balsamicoessig

Mehl und Hefe mischen. Alle anderen Zutaten untermischen und mit dem Knethaken gut durcharbeiten. Eine Kastenform mit Backpapier auslegen und den Teig einfüllen.
In den kalten Backofen geben und eine Stunde bei 200 °C backen.

Gelbe Paprikamarmelade

- 750 g gelbe Paprika
- 2 gelbe mittelgroße Tomaten
- 2 vollreife Aprikosen (oder Pfirsiche)
- ½ Zitrone
- 2 EL Marillenlikör oder Rum
- 1 kg Gelierzucker 1:1

Gemüse und Früchte putzen und würfeln und zusammen mit dem Zitronensaft und Alkohol in einen Mixer geben und sehr gründlich zu Mus zerkleinern. Mit dem Gelierzucker laut Anleitung auf der Packung zur Marmelade zubereiten.

Register

Nützliche Informationen

Empfehlenswerte Internetseiten

netzwerk.arche-noah.at
Seite mit Terminen zu Veranstaltungen und Kontakten zu Anbauern seltener Gemüsesorten

www.chilepepperinstitute.org
Sehr informative wissenschaftliche englischsprachige Website

www.pepperworld.com
Eine der umfangreichsten Seiten zum Anbau, zur Verwendung und viel Wissenswertes

www.chili-balkon.de
Erfreulich viel Botanik, Sortenbeschreibungen, Anbauanleitungen, Krankheitsbilder und eigene Erfahrung

www.hot-pain.de
Viele Sortenbeschreibungen

www.bedlan.at
Wissenswertes zu Peperoni (Paprika)

Bezugsquellen

Sortenbeschreibungen und Abbildungen sind auf den Internetseiten und teilweise in den Katalogen der einzelnen Anbieter zu sehen.

Österreich:

ARCHE NOAH
Obere Straße 40
3553 Schiltern
www.arche-noah.at
Saatgut, Pflanzen, Früchte, Vielfaltsgarten, Führungen

Klarlbau z'Blindendorf
Ehemalige Stiftsgärtnerei Engelszell
Stiftstraße 7
4090 Engelhartszell
www.klarlblau.at
Saatgut, Pflanzen, Früchte
Eine wahrhaft gelebte Vielfaltsgärtnerei zum Ansehen und Genießen; in den Gewächshäusern stehen zur Saison Hunderte von verschiedenen Tomaten, Paprika, Peperoni und Chili, Vielfaltfest im August

Reinsaat KG
3572 St. Leonhard am Hornerwald 69
Tel. 02987 2347
www.reinsaat.at
Engagierte Züchtung (Verkauf von Saatgut in größeren Mengen)

Ochsenherz Gärtnerhof
Tannengasse 1/32
2230 Gänserndorf/Süd
www.ochsenherz.at
Früchte, Saatgut
Bewusster Anbau von verschiedenen Gemüsesorten

www.mopeppers.at
Saatgut und Chiliprodukte

Schweiz:

ProSpecieRara
Deutsche Schweiz
Hauptsitz
Pfrundweg 14
5000 Aarau
Tel. 062 832 08 20
www.prospecierara.ch

Deutschland:

Verein zur Erhaltung der Nutzpflanzenvielfalt e. V.
Uhlandstraße 57
45468 Mülheim an der Ruhr
www.nutzpflanzenvielfalt.de
Saatgut (Jungpflanzen) von den Mitgliedern des Vereins, Schaugarten in Schönhagen

Freie-Saaten.Org. e.V.
Schillerstraße 14
67454 Haßloch
www.freie-saaten.org

Dreschflegel GbR
In der Aue 31
37213 Witzenhausen
Tel. 05542 5027 44
Internet: www.dreschflegel-saatgut.de

Bingenheimer Saatgut AG
Kronstraße 24–26
61209 Echzell-Bingenheim
Telefon: 06035 1899-0
Internet: www.bingenheimersaatgut.de

Irinas Tomaten & Kräuter
Spezialitätengärtnerei
Blattenhof 1
93142 Maxhütte-Haidhof
Tel. 09471 21300
info@irinas-tomaten.de
www.irinas-shop.de

Zier- und Nutzpflanzenspezialitäten
Monika Gehlsen
Willi-Dolgner-Straße 17
06118 Halle (Saale)
www.monika-gehlsen.de

Bio-Saatgut Gaby Krautkrämer
Eulengasse 2
55288 Armsheim
www.bio-saatgut.de

www.pepperworld.com
Saatgut und Chiliprodukte

Griechische Pflanzen und Samen
Stefanie Schmidt
POB 5086
37006 Argalasti
Ansprechpartner
www.griechische-pflanzen-und-samen.de
Deutschsprachig, gute Übersichten nach Farben und Schärfegraden von Chilis

IMPRESSUM

avBUCH im CADMOS Verlag

3. Auflage 2018

Gestaltung und Satz: Hantsch & Jesch PrePress Services OG, 1230 Wien
Umschlag: Ravenstein und Partner, Verden
Lektorat: Christine Weidenweber, Weibersbrunn

Druck: Graspo CZ, a.s., Zlín, www.graspo.com

Deutsche Nationalbibliothek – CIP-Einheitsaufnahme
Die Deutsche Nationalbibliothek verzeichnet diese Publikation in der Deutschen Nationalbibliografie; detaillierte bibliografische Daten sind im Internet über http://dnb.ddb.de abrufbar.

Printed in Czech Republic

ISBN: 978-3-8404-8102-4

Bildquellen

Umschlag:
unpict/www.fotolia.de

Inhalt:
Parusel, I.: Seiten 72/73, 74
Pretscher, P.: Seiten 7, 8, 15, 24, 31 (oben), 32
Thinschmidt, A., Böswirth, D. (www.gartenfoto.at): Seiten 4/5, 6, 10/11, 19, 20/21, 22, 40/41, 42 (oben)
Botanikfoto.com: Seiten 17, 29
Alle anderen: Melanie Grabner

Widmung und Dank

Ich bedanke mich bei Arche Noah, ReinSaat®, der Gartenbauschule Langenlois, Peter Schmid und Familie Stockenhuber (Klarlbaun z'Blindendorf) für die freundliche Genehmigung, in ihren Betrieben oder Gärten zu fotografieren.

Meiner Lektorin Christine Weidenweber, Dr. Helga Buchter-Weisbrodt, Peter Schmid, Anja Meckstroth danke ich für ihre Hilfe, ebenso all jenen, die mich in meiner Arbeit unterstützt haben.

Dieses Buch ist allen Menschen gewidmet, die sich um die Erhaltung und Weiterentwicklung der Nutzpflanzen kümmern und achtungsvoll mit ihnen umgehen.